改訂第三版

# ゼロからはじめる ITパスポートの問題集

滝口直樹 著

とりい書房

## はじめに

情報処理資格の中でレベル1にあたる「IT パスポート」は、これまで比較的容易に合格できる資格であると思われてきました。しかし、CBT による随時試験が2011 年冬に開始されて以降、合格率は全体で 50% を割り、**学生の方については30% 前後の合格率と非常に苦戦**を強いられている方が多いようです。

これを単純に試験の難化と捉える風潮もありますが、そう捉えた所で、実は何の解決にもなりません。ここは試験の難化ではなく、いつでも受験できる随時試験になったことで、**準備不足の受験者が増えた**と捉えた方がよっぽど建設的ではないでしょうか。

では、その“準備不足”をいかに補うのか。
これが試験合格のための鍵であると考え、**「準備不足にならないための実力づくり」をメインテーマ**とし本書を執筆しました。
そこで私は、ここでいう“準備”とは**絶対的な知識量**であり、その知識量を補う「内容の理解（講義や参考書での学習）」フェーズと「実践力の強化（過去問題での練習）」フェーズの間にあるべき**「知識の定着」**というフェーズが抜け落ちている受験生が多いのではと考えました。

すなわち、

① **講義や参考書で内容の理解（拙著「ゼロからはじめる IT パスポートの教科書」など）**

② **本書「ゼロからはじめる IT パスポートの問題集」で知識の定着**

③ **過去問題で実践力の強化**

これこそが、私が考える受験に向けての**「しっかりとした準備」**であり、**合格のための王道メソッド**であると考えて本書をご用意しました。

本書の特徴である、「オリジナルの単語暗記·正誤判定·四択問題による学習」は、この「知識の定着」フェーズを実現するために考え出したものです。また、**全問オリジナル**ですので、この後の過去問題練習に影響せずに学習できる点も特徴です。

講義や参考書での学習と並行して本書を活用することで、より**効率的に知識の定着を実現**できるはずです。また、試験直前の知識整理・知識確認にも本書をぜひ活用してください。

## 本書の読み方・使い方

本書は、**「単語暗記」「正誤判定」「四択問題」**の**3つ**によって構成されています。

**■単語暗記**

試験にあたり、キーワードの暗記はやはり必要です。単純にキーワードの意味を問う問題に対応できるようになるだけでなく、応用力や実務知識を必要とする問題でも、キーワードを理解していないと答えられないものや、実務経験はなくてもキーワードが分かっていれば答えられる問題も数多く出題されます。**応用力の有無は基本的な単語量で決まる**と考えましょう。

単語暗記は、キーワードと解説文がセットになっていますので、最初はキーワード側を隠した状態で、解説文を元にキーワードを答えられるようになりましょう。キーワードの暗記ができたら、今度は逆に解説文を隠し、キーワードの説明ができるかチャレンジしてみましょう。

再チェックは解説文を
隠して説明できるように

**単語暗記** 次の説明文が表す用語を答えなさい。 **answer**

| | |
|---|---|
| 1. 決算などの情報公開や環境対策など，企業が社会に対して負うべき責任を何と呼ぶか。 | CSR（企業の社会的責任） |
| 2. 仕事と生活の調和のことで、内閣府等で推進されている考え方は何か。 | ワークライフバランス |

**■正誤判定**

正誤判定には２つの意味があります。

１つは、**キーワードが正確に暗記できているかを確認する**ため。もう１つは、**本番の四択問題のためのトレーニング**です。

正誤判定は、問題文の内容が正しければ○、間違っていれば×で答えるスタイルですが、もしも×の場合は、どの部分を直せば○になるかぜひ検討してみてください。

また、正誤判定の問題文は、そのまま四択問題の選択肢１つひとつになるイメージで作成してあります。本試験では、100問×選択肢４つ＝400の選択肢を文字通り取捨選択する必要があります。そのための判断力を養うためのトレーニングとしても活用してください。そのために、**まずは１問30秒前後で答えが出せるようにトレーニング**しましょう。

×の場合はどこが間違っているのかを
確認してください。

| 正誤判定 次の説明文が正しいか誤っているか答えなさい。 | 正誤判定 解答・解説 | |
|---|---|---|
| 1. 企業は，企業活動の目的の１つである商品やサービス提供による収益の追及のためであれば，自社にとって不都合な決算情報は開示しなくても構わない。 | × | 決算情報の開示は，ステー<br>であり，開示すべきです。 |
| 2. グリーンITは、地球環境（環境保護）に配慮して、極力IT技術やIT機器を使わないことで消費電力を低減させる経営を指す言葉である。 | × | グリーンITは、地球環境（<br>ITシステムなどの総称です。 |

■四択問題

四択問題では、本番さながらの問題形式の中で、紛らわしいキーワードの理解度を最終チェックできます。

本試験や過去問と異なり、試験範囲ごとにまとまった出題になっていますので、**誤答した場合はすぐに該当箇所の復習を参考書でする**ように心がけましょう。

問題数をこなすスピードトレーニングというよりは、きっちりと**論理的に考えつつ知識の定着を確認する**ための確認作業のつもりで取り組んで、あいまいな部分をひとつでも減らせるようにしましょう。

誤答したら
「教科書」を見直すべし

四択問題 次の説明文が正しいか誤っているか答えなさい。

1. 経営資源の説明として最も適切なものはどれか。

ア 企業活動の重要な資源であり，一般的にヒト・モノ・カネ・情報を指すもの
イ 企業活動の指針となる基本的な考え方であり，企業の存在意義や価値観などを示したもの
ウ 企業活動の中で定着してきた企業らしさのことで社風とも呼ば

四択問題 解答・解説

解答 1 ア

ア **正解です。**最近では，企業
るようになっています。
イ 経営理念の説明です。企業
ウ 企業風土の説明です。企業
エ CSR（企業の社会的責任）

〔補足〕過去問題の取り扱いについて

なお、本書内で過去問を利用していないのは、貴重な過去問題を知識の定着フェーズで使いたくないという気持ちからです。当たり前ですが、知識の定着ができたら、過去問にもしっかり取り組むようにしましょう。

# 目　次



## Part 1 【単語暗記】

### 第1章 企業と法務



### 第2章 経営戦略



### 第3章 システム戦略



### 第4章 開発技術



### 第5章 プロジェクトマネジメント



### 第6章 サービスマネジメント

## 第3章 システム戦略



## 第4章 開発技術



## 第5章 プロジェクトマネジメント



## 第6章 サービスマネジメント



## 第7章 基礎理論



## 第8章 コンピュータシステム



## 第9章 技術要素

## Part 3 【四択問題】

## 第8章 コンピュータシステム



## 第9章 技術要素

# Part 1

## 単語暗記

繰り返し学習し，合格に必要な絶対的な知識量を身につけましょう。
余裕のある人は，単語から意味を解説できるかチャレンジしてみましょう。

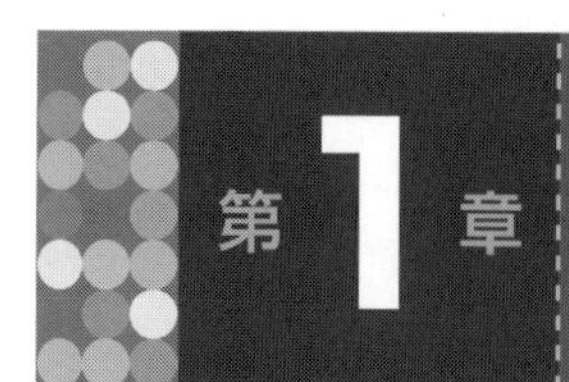


# 企業と法務

## 1-1 企業活動

**単語暗記** 次の説明文が表す用語を答えなさい。

| | answer |
|---|---|
| 1. 決算などの情報公開や環境対策など，企業が社会に対して負うべき責任を何と呼ぶか。 | CSR（企業の社会的責任） |
| 2. 仕事と生活の調和のことで，内閣府等で推進されている考え方は何か。 | ワークライフバランス |
| 3. 企業が守るべき，従業員の精神面の健康を何と呼ぶか。 | メンタルヘルス |
| 4. 製品やサービスのブランドではなく，企業そのものに対する社会のイメージを向上させ，業績向上につなげる，企業名そのものに対するブランドを何と呼ぶか。 | コーポレートブランド |
| 5. 電力消費の少ないIT関連機器の開発・利用，IT機器のリサイクルなど，地球環境（環境保護）に配慮したIT関連機器やITシステムの開発・導入を進めることを総称して何と呼ぶか。 | グリーンIT |
| 6. ヒト・モノ・カネ・情報といった企業活動に欠かせない要素を何と呼ぶか。 | 経営資源 |
| 7. 経営管理の基本的な考え方で，計画，実行，評価，改善を繰り返すことで業務の改善を進める手法は何か。 | PDCAサイクル |

| | |
|---|---|
| **8.** 社員自らが個別に目標を設定し達成を目指し，各年度末にその達成度を評価する目標管理制度は何か。 | MBO（目標による管理） |
| **9.** 企業活動の中で，労働者のニーズへの対応や報酬の調整，労使関係の安定化，適切な能力開発などを行うことで最適な人材管理を実現する考え方は何か。 | HRM（人的資源管理） |
| **10.** 従業員の持つ特性・能力を活かす適材適所の人事配置や採用，リーダーの育成，評価・報酬などを最適化する人的管理手法は何か。 | タレントマネジメント |
| **11.** AI やクラウドサービスなどのテクノロジーを利用することで人的資源活用の効率化や質の向上を図るサービスを何と呼ぶか。 | HR テック（HRTech） |
| **12.** 災害や事故など予期せぬ事態が発生した際に，残された経営資源を元に，事業を継続または再開することを何と呼ぶか。 | BC（事業継続） |
| **13.** BC（事業継続）を実現するための企業の行動計画のことを何と呼ぶか。 | BCP（事業継続計画） |
| **14.** BCP（事業継続計画）の策定・導入，運用，フィードバック，修正など BC（事業継続性）の実現・体制の確保のためのマネジメントのことを何と呼ぶか。 | BCM（事業継続管理） |
| **15.** 企業が抱えるリスクの特定や見積もりを行い，その中で優先度や対応策を決定する手順を何と呼ぶか。 | リスクアセスメント |
| **16.** 経営組織の 1 つで，社長の下に部長，課長，係長，一般社員といった構造を持つ組織形態を何と呼ぶか。 | 階層型組織 |

| | | |
|---|---|---|
| 17. | 経営組織の１つで，営業・経理・人事など職能に応じて分けられた組織形態を何と呼ぶか。 | 職能別組織 |
| 18. | 経営組織の１つで，企業の事業ごとにある程度の権限を与えられて独立性を持つ組織形態を何と呼ぶか。 | 事業部制組織 |
| 19. | 経営組織の１つで，社員が職能別や地域別などの複数の組織に属して活動する組織形態を何と呼ぶか。 | マトリックス組織 |
| 20. | 経営組織の１つで，期間限定で特定の目標達成に必要な人材を選抜して構成する組織形態を何と呼ぶか。 | プロジェクト組織 |
| 21. | 企業の目的を遂行する営業，製造などの部門を総称して何と呼ぶか。 | ライン部門 |
| 22. | 企業の最高情報責任者をアルファベット３文字で何と呼ぶか。 | CIO（Chief Information Officer） |
| 23. | グループ配下の企業の株式を持ち，グループ企業全体の経営判断の中心となる会社を何と呼ぶか。 | 持株会社 |
| 24. | 企業活動において，性別や国籍，専門性など従業員の持つ多様性を活用して競争優位につなげる取り組みのことを何と呼ぶか。 | ダイバーシティ |
| 25. | 昨今，社会のIT化が進んだことで重要視されるようになった，コンピュータを使いこなす能力のことを何と呼ぶか。 | コンピュータリテラシ |
| 26. | 実際に仕事をしながら先輩社員などから仕事を学ぶ社員教育の手法を何と呼ぶか。 | OJT（On-the-Job Training） |

|  |  |
|---|---|
| **27.** 外部講師による集合研修や技術訓練への参加，大学への留学など，社外で学ぶことで，一般化された技能や知識について学ぶことが主な目的の社員教育を何と呼ぶか。 | Off-JT |
| **28.** 従業員の考え方や視野を広げるために，１つの職種ではなく，多くの職種を経験させる能力開発を進める社員教育を何と呼ぶか。 | CDP（経歴開発計画） |
| **29.** 教育担当者が対象者との対話によって目標達成のための具体的な解決法の発見につなげる教育・研修手法は何か。 | コーチング |
| **30.** 教育担当者が対象者との対話によって自らの経験などを伝えることで足りない知識や意識を植え付け，従業員の自立につなげる教育・研修手法は何か。 | メンタリング |
| **31.** 従業員ひとりひとりの能力に合わせた教育研修を提供することを何と呼ぶか。 | アダプティブラーニング |
| **32.** 企業の業務を合理的かつ科学的に分析する手法を総称して何と呼ぶか。 | オペレーションズ・リサーチ（OR） |
| **33.** 企業などがヒト･モノ･カネ･情報などの資源を効果的･効率的に運用できるように環境・工程・制度などを再編成し適用する体系技術のことを何と呼ぶか。 | 経営工学（IE） |
| **34.** 項目ごとのデータを扇形で表し，全体に占める項目ごとの比率の把握に用いられるグラフは何か。 | 円グラフ |
| **35.** 棒グラフを値が大きい順に並べ替え，その累積構成比を折れ線グラフで表現したグラフは何か。 | パレート図 |

|  |  |
|---|---|
| **36.** 階級で区切った値を棒グラフ化したもので，階級ごとの値の比較に用いられるものは何か。 | ヒストグラム |
| **37.** 異常傾向がなく，工程が安定しているか判断するために使用するもので，2本の限界線が引かれたグラフを何と呼ぶか。 | 管理図 |
| **38.** 項目間に相関関係があるかを把握するときに役立つ，2項目の関係を点で表したものは何か。 | 散布図 |
| **39.** 全体のバランスや特徴の把握のために使用するもので，複数の項目を多角形上に表し，隣同士の値を線で結んだグラフは何か。 | レーダーチャート |
| **40.** 矢印と丸印などを用いて作業工程の流れを図式化したもので，工程管理などで利用されるものは何か。 | PERT（アローダイアグラム） |
| **41.** 課題や結果の要因を整理するために利用される図式で，魚の骨のように見える図を何と呼ぶか。 | 特性要因図（フィッシュボーンチャート） |
| **42.** 商品を売上などから3段階の重要度に分類する分析手法は何か。 | ABC 分析 |
| **43.** 債権が回収できないリスクをできる限り防ぐリスク管理のことを何と呼ぶか。 | 与信管理 |
| **44.** 少人数のグループで問題解決のためのアイデアを自由に出し合う手法は何か。 | ブレーンストーミング（ブレスト） |
| **45.** 会議で出たアイデアなどの情報を記述したカードをグループごとにまとめ，図式化・文書化する手法は何か。 | KJ 法 |

|  |  |
|---|---|
| 46. 考えうる選択肢を連ねることで意思決定の過程を可視化し，その選択肢の期待値を比較検討する意思決定の手法は何か。 | デシジョンツリー（決定木） |
| 47. 品質管理（QC：Quality Control）で利用される情報整理手法で，既存の知識では整理できない情報やアイデアなどを，そのキーワードの類似性や関係性によってグループにわけ図式化するものは何か。 | 親和図法 |
| 48. 商品提供の費用の中で，販売量や生産量によって変化する費用を何と呼ぶか。 | 変動費 |
| 49. 商品提供の費用の中で，販売量や生産量によって変化しない費用を何と呼ぶか。 | 固定費 |
| 50. 商品売上から商品原価を差し引いた利益で，商品提供のみで得た利益を何と呼ぶか。 | 売上総利益（粗利益） |
| 51. 売上総利益から管理費などを差し引いた，企業の本業での利益を何と呼ぶか。 | 営業利益（事業利益） |
| 52. 営業利益に利息などの営業外収支を加えた利益を何と呼ぶか。 | 経常利益 |
| 53. 経常利益に固定資産の売却などで発生する特別収支を加えた利益を何と呼ぶか。 | 純利益（最終利益） |
| 54. 売上高が固定費を含めた総費用と同じ金額になる点を何と呼ぶか。 | 損益分岐点 |
| 55. 企業などで，1年間（会計年度）の収益と費用を計算し，その財産状況を明らかにすることを何と呼ぶか。 | 決算 |

56. 企業が投資者や債権者などのステークホルダーに，経営状況や財務状況などの情報を公開することを何と呼ぶか。

ディスクロージャ

57. 財務諸表のうち，企業の経営状況を把握するためによく使われるもので，一定期間の損益を表すものは何か。

損益計算書（P/L）

58. 財務諸表のうち，企業の財政状態の把握に役立つもので，特定の時点の企業の資産，負債，資本（純資産）をまとめたものは何か。

貸借対照表（B/S）

59. 会社の資産総額から負債総額を差し引いた金額を何と呼ぶか。

純資産

60. 会社の通常の営業取引の過程で生じた1年以内に現金化・費用化ができる資産のことを何と呼ぶか。

流動資産

61. 土地，建物，機械や著作権などの各種権利など，企業が1年以上継続的に保有する資産のことを何と呼ぶか。

固定資産

62. 営業年度だけの費用とせずに，資産として計上することで複数年にわたって分割して償却する特別な資産は何か。

繰延資産

63. 企業の本業である営業取引によって発生した買掛金などの負債や短期（1年以内）に返済する借入金や未払い金などを指して何と呼ぶか。

流動負債

64. 企業の本業である営業取引以外で発生する負債のうち，返済期日が貸借対照表日の翌日から起算して1年以内に到来しない負債のことを何と呼ぶか。

固定負債

65. 財務諸表のうち，会計期間における現金収入と現金支出を営業活動，投資活動，財務活動ごとに分けてまとめたものを何と呼ぶか。

キャッシュフロー計算書（C/S）

66. 短期的な支払能力がどれくらいあるのかを示す指標で，企業の支払い能力の評価に利用されるものは何か。

流動比率

67. 企業が投資に見合った利益を生んでいるかどうかを判断するための指標で，企業の事業や資産，設備の収益性を測る指標は何か。

ROI
（収益性投資利益率）

財務諸表で使われる，費用や利益をまとめると次のようになります。

| 売上 | 商品・サービス提供の対価として得る金額。 | |
|---|---|---|
| 費用 | 商品・サービスの提供までに必要な金額。費用＝変動費＋固定費 | |
| | 変動費 | 販売量や生産量によって変化する費用（材料・配送など）。<br>変動費＝商品１つ当たりの変動費×生産量 |
| | 固定費 | 販売量に関係なくかかる費用（機械・土地など）。<br>固定費＝一定（商品の生産数に関係ない） |
| 利益 | 売上から費用を引いた残りの金額。利益＝売上－費用 | |
| | 売上総利益<br>（粗利益） | 商品提供のみで得た利益。<br>売上総利益＝商品売上－商品原価 |
| | 営業利益<br>（事業利益） | 企業の本業での利益。<br>営業利益＝売上総利益－販売費及び一般管理費 |
| | 経常利益 | 営業利益に営業外収支（利息など）を加えた利益。<br>経常利益＝営業利益＋営業外収益－営業外費用 |
| | 純利益<br>（最終利益） | 経常利益に特別収支（固定資産売却など）を加えた利益。<br>純利益＝経常利益＋特別利益－特別損失 |

# 1-2 法　務

**単語暗記** 次の説明文が表す用語を答えなさい。

| | answer |
|---|---|
| 68. 「思想または感情を創作的に表現したものの内，文学・学術・美術・音楽の範囲に属する」知的創作物に発生する権利は何か。 | 著作権 |
| 69. 著作権を守るための法律は何か。 | 著作権法 |
| 70. 著作者に与えられる権利のうち，著作物を財産として扱うもので，譲渡可能な権利を何と呼ぶか。 | 著作財産権 |
| 71. 著作者に与えられる権利のうち，著作者がその著作物を制作したことを証明するものを何と呼ぶか。 | 著作者人格権 |
| 72. 一部を除く著作財産権は，著作者の没後何年で失効するか。 | 50年 |
| 73. ソフトウェアの著作権者と契約することで得るソフトの利用許諾を何と呼ぶか。 | ソフトウェアライセンス |
| 74. 一定期間の試用の後に継続利用する場合にライセンス料を支払うソフトウェアを何と呼ぶか。 | シェアウェア |
| 75. 無料で配布しているソフトウェアを何と呼ぶか。 | フリーウェア |
| 76. 1つのソフトウェアパッケージを複数台分のライセンスを一括購入する契約形態を何と呼ぶか。 | ライセンス契約 |

| | | |
|---|---|---|
| 77. | 開発者・メーカーとユーザーとの間で交わされる契約で，プログラムの使用権を認める契約は何か。 | 使用許諾契約 |
| 78. | 著作権を放棄した無料のソフトウェアのことで，主にインターネットで配布されるソフトウェアを何と呼ぶか。 | パブリックドメインソフトウェア |
| 79. | インターネットなどを通じてソフトウェアのライセンスを保有していることを証明する手続きを何と呼ぶか。 | アクティベーション |
| 80. | 利用期間に応じて利用料金を支払うソフトウェアやサービスの販売形態は何か。 | サブスクリプション |
| 81. | 発明やデザインなどに対して，制作者に独占権を与えることで模倣を防止し，信用力の向上や研究開発の発展を図るための権利を総称して何と呼ぶか。 | 産業財産権 |
| 82. | 産業財産権に含まれるもののうち，発明の保護と利用を図る権利は何か。 | 特許権 |
| 83. | ビジネスの仕組み（ビジネスモデル）に与えられる特許は何か。 | ビジネスモデル特許 |
| 84. | 産業財産権に含まれるもののうち，物品の形状，構造，組み合わせに係る考案を保護する権利は何か。 | 実用新案権 |
| 85. | 産業財産権に含まれるもののうち，物品のデザイン（形状・模様・色彩）を保護する権利は何か。 | 意匠権 |
| 86. | 産業財産権に含まれるもののうち，名称やマークなど物品の信用力（ブランド）を保護する権利は何か。 | 商標権 |
| 87. | 商標の信用を守り，産業の発展と需要者（利用者）の利益を保護することを目的とした法律は何か。 | 商標法 |

|  |  |
|---|---|
| **88.** 商標のうち，役務（サービス）に表示するものは何か。 | サービスマーク |
| **89.** 事業者間の公正な取引と国際約束の的確な実施を確保するために制定された法律は何か。 | 不正競争防止法 |
| **90.** 秘密として管理されている生産方法や販売方法など公然と知られていない情報で，不正競争防止法で，保護の対象となっている情報を何と呼ぶか。 | 営業秘密（トレードシークレット） |
| **91.** 国や地方公共団体，行政法人を除く，個人情報データベース等を事業用に利用している利用者を何と呼ぶか。 | 個人情報取扱事業者 |
| **92.** 本人の人種，信条，社会的身分，病歴，犯罪の経歴，犯罪により害を被った事実その他本人に対する不当な差別，偏見その他の不利益が生じないようにその取扱いに特に配慮を要するものとして政令で定める記述等が含まれる個人情報を何と呼ぶか。 | 要配慮個人情報 |
| **93.** 特定の個人を識別することができないように個人情報を加工し，当該個人情報を復元できないようにした情報を何と呼ぶか。 | 匿名加工情報 |
| **94.** マイナンバー法の施行に伴い，マイナンバー（個人番号）などの個人情報の適正な取り扱いを確保するために内閣府の外局として設置された組織は何か。 | 個人情報保護委員会 |
| **95.** プライバシーの権利の一部で，自分の顔や姿を無断で写真や絵画にされ，公表されないための権利は何か。 | 肖像権 |
| **96.** 著名人が，自身の氏名や肖像が持つ経済的価値を独占的に所有・利用するための権利を何と呼ぶか。 | パブリシティ権 |

|  |  |  |
|---|---|---|
| 97. | 他人の ID を無断利用しコンピュータに侵入する，セキュリティ上の問題点を突いてシステムに侵入するといった行為を何と呼ぶか。 | 不正アクセス |
| 98. | 不正アクセスを防ぐために定められた法律は何か。 | 不正アクセス禁止法 |
| 99. | 不特定多数のメールアドレスに宣伝メールなどを配信する迷惑メールを規制する法律は何か。 | 特定電子メール法 |
| 100. | 不正アクセス対策の 1 つにコンピュータのセキュリティ上の問題点への対応がある。このセキュリティ上の問題点のことを何と呼ぶか。 | セキュリティホール |
| 101. | 不正アクセスに対する予防策で，特定の回数パスワードを間違えた場合に ID を使用できなくする手法は何か。 | ID ロック |
| 102. | 国による情報セキュリティ施策に関する基本理念や関係者の責務，国家戦略などをまとめた法律は何か。 | サイバーセキュリティ基本法 |
| 103. | 経済産業省が公開している，企業が情報セキュリティマネジメント体制を構築・整備・運用するための規範として策定された基準は何か。 | 情報セキュリティ管理基準 |
| 104. | 経済産業省が公開している，企業や個人が実行すべき不正アクセスに対する予防対策を取りまとめたものは何か。 | コンピュータ不正アクセス対策基準 |
| 105. | 経済産業省が公開している，コンピュータウイルスに対する予防，発見，駆除，復旧等について実効性の高い対策を取りまとめたものは何か。 | コンピュータウイルス対策基準 |
| 106. | サイバーセキュリティに対する経営者の責任やサイバー攻撃を受けた際の復旧体制の整備などについてまとめられている経済産業省が策定するガイドラインは何か。 | サイバーセキュリティ経営ガイドライン |

|  |  |
| --- | --- |
| 107. 中小企業にとって重要な情報を漏えいや改ざん，喪失などの脅威への対策について，考え方や実践方法をまとめらてているガイドラインは何か。 | 中小企業の情報セキュリティ対策ガイドライン |
| 108. 労働時間や賃金などの基準や禁止事項など労働環境の最低基準について定めた法律は何か。 | 労働基準法 |
| 109. 労働基準法の中で定められている週あたりの労働時間の基準は何時間か。 | 40 時間 |
| 110. 賃金の最低額を保証する法律は何か。 | 最低賃金法 |
| 111. 労働組合の組織を認め，使用者との対等な交渉を実現する法律は何か。 | 労働組合法 |
| 112. 労働関係の公正な調整を図り，労働争議を予防することを目的とした法律は何か。 | 労働関係調整法 |
| 113. 労働者と使用者間の労働契約が円滑に行われるために，自主的な交渉の下で労働条件や労働関係が適切に維持されるために守るべき様々な事項が規定されている法律は何か。 | 労働契約法 |
| 114. 職務上で知った秘密を，正当な理由なく漏らしてはならない義務のことを何と呼ぶか。 | 守秘義務 |
| 115. 一般的に「就職する」という意味合いになる，企業の指揮命令権の元，業務に従事する労働契約は何か。 | 雇用契約 |
| 116. 一定期間の総労働時間を事前に定め，その時間内で労働者が就業開始時刻と終了時刻を自主的に決定し働く制度を何と呼ぶか。 | フレックスタイム制 |

|  |  |
| --- | --- |
| 117. 労働基準法に定められた，仕事の内容に応じてみなし労働時間を定めて給与を確定する労働形態は何か。 | 裁量労働制 |
| 118. 労働者派遣事業において，派遣会社および派遣先会社が守らなければならないルールを定めた法律は何か。 | 労働者派遣法 |
| 119. 派遣契約上認められない，雇用関係にない人間（派遣されてきた社員など）を他社にさらに派遣する行為を何と呼ぶか。 | 二重派遣 |
| 120. 請負元が，発注元から業務を請け負う契約形態を何と呼ぶか。 | 請負契約 |
| 121. 請負契約で禁止されていることで，請負元の従事者に対して指揮命令を行うことを何と呼ぶか。 | 偽装請負 |
| 122. 事実行為を委託する場合の契約のことで，請負契約と違い完成責任（成果物責任）を負わない契約は何か。 | （準）委任契約 |
| 123. 親事業者の下請事業者に対する取引を公正なものとし，下請事業者の利益保護を目的とした法律は何か。 | 下請法 |
| 124. 下請法において，下請業者への支払期日は受領日から何日以内とされているか。 | 60 日以内 |
| 125. 製品の欠陥により，購入者や使用者が生命，身体または財産に損害を被った場合に，被害者が製造会社などに対して損害賠償を求めることを認めた法律は何か。 | PL 法（製造物責任法） |
| 126. 訪問販売等，業者と消費者の間の取引について，紛争を回避するための規制と紛争解決手続を設けることで，取引の公正性と消費者被害の防止を図る法律は何か。 | 特商法（特定商取引に関する法律） |

| |  |  |
|---|---|---|
| 127. | 決済サービスの適切な運営など，金融分野におけるITの活用について定めた法律は何か。 | 資金決済法 |
| 128. | 金融市場における利用者保護ルールの徹底と利便性の向上，投資活動の活発化，国際化への対応などを目的に制定された金融分野におけるITの活用に関する法律は何か。 | 金融商品取引法 |
| 129. | 廃棄物の抑制や環境対策の観点から使用済み商品の回収と再資源化について定めた法律は何か。 | リサイクル法 |
| 130. | 企業活動において法令をきちんと守ることを何と呼ぶか。 | コンプライアンス（法令順守） |
| 131. | インターネット上の掲示板などで誹謗中傷を受けたり，個人情報が不当に掲載されたりした場合に，権利者はプロバイダ事業者や掲示板管理者などに対して，これを削除するよう要請することができ，要請に応じた事業者側は，損害賠償の責任を免れることを定めた法律は何か。 | プロバイダ責任制限法 |
| 132. | インターネット上で守るべきルール・倫理規定を指す造語は何か。 | ネチケット |
| 133. | IPAが中小企業の情報セキュリティ対策として実施すべき具体的な対策事項を選択抽出し，「中小企業の情報セキュリティ対策ガイドライン」としてまとめたものは何か。 | 情報セキュリティ対策ガイドライン |
| 134. | 経営活動の健全化を目的とした企業の取り組みを総称して何と呼ぶか。 | コーポレートガバナンス（企業統治） |
| 135. | 組織の健全な運営のための基準や手続きを定め，運用することを何と呼ぶか。 | 内部統制 |

|  |  |
|---|---|
| 136. 企業のコンプライアンス経営を強化するために設けられた，公益通報者の解雇の無効や，公益通報に関し事業者や行政機関がとるべき措置を定め，公益通報者の保護等を図ることも定めた法律は何か。 | 公益通報者保護法 |
| 137. 金融商品取引法に基づき義務付けられる制度で，内部統制の目的達成のための対応を経営者自らが評価する報告を作成し，公認会計士または監査法人の監査証明を受け，事業年度ごとに内閣総理大臣に提出する必要がある制度は何か。 | 内部統制報告制度 |
| 138. 行政機関が作成した文書を，誰でも情報開示請求をすることで確認することができることを定めた法律は何か。 | 行政機関の保有する情報の公開に関する法律 |
| 139. 産業分野において，製品の技術的な仕様を共通化または互換性をもたせることを何と呼ぶか。 | 標準化 |
| 140. 市場間の競争によって業界標準として認められた規格を何と呼ぶか。 | デファクトスタンダード |
| 141. 商品に表記され，主にレジでの精算や在庫管理などで使われている縦縞のコードは何か。 | バーコード |
| 142. バーコードの１つで，日本国内の統一規格として利用されているものは何か。 | JAN コード |
| 143. 黒と白のパターンで情報を表し，バーコードより多くの情報を記載できる二次元コードは何か。 | QR コード |
| 144. 品質マネジメントシステムや環境マネジメントシステムなどの電気分野を除く工業分野の規格を策定している標準化団体は何か。 | ISO（国際標準化機構） |

|  |  |
|---|---|
| 145. ISO が策定した品質マネジメントシステムに関する国際規格群を何と呼ぶか。 | ISO9000 |
| 146. ISO が策定した環境マネジメントシステムに関する国際規格群を何と呼ぶか。 | ISO14000 |
| 147. 無線 LAN や機器接続用インタフェースなどの電気・電子技術分野の規格を策定している標準化団体は何か。 | IEEE（電気電子学会） |
| 148. IEEE が策定した無線 LAN に関する国際規格群を何と呼ぶか。 | IEEE802.11 |
| 149. IEEE が策定した代表的な機器接続インタフェース規格の 1 つで，アップル社が開発した FireWire 規格を標準化したものを何と呼ぶか。 | IEEE1394 |
| 150. HTML や XML（WWW 記述言語）などの規格を策定するインターネット上の言語表記技術分野の標準化団体は何か。 | W3C（ワールド・ワイド・ウェブ・コンソーシアム） |
| 151. JIS X 0208（日本語文字コード）JIS X 0213（日本語文字コード）などの JIS 規格（日本工業規格）を策定している標準化団体は何か。 | JSA（日本規格協会） |
| 152. ISO( 国際標準化機構 ) と IEC ( 国際電気標準会議 ) が共同で策定する情報セキュリティ（ISMS）の国際標準規格群の総称は何か。 | ISO/IEC27000 |

**コラム**

**単語暗記は，質問からキーワードを答えるだけではなく，質問文を隠してキーワードの説明をしてみるという利用の仕方もあります。応用力をつけたい人は，是非チャレンジしてみてください。**

# 第2章 経営戦略

## 2-1 企業戦略マネジメント

**単語暗記** 次の説明文が表す用語を答えなさい。

| 問題 | answer |
|---|---|
| 153. 企業や製品の評価につながる顧客の満足度を指す経営用語は何か。 | 顧客満足度・CS |
| 154. 競合他社よりも，顧客にとってより良い価値を提供する仕組みを経営用語で何と呼ぶか。 | 競争優位 |
| 155. 競合他社が簡単に真似できない強みのことを何と呼ぶか。 | コア・コンピタンス |
| 156. 企業間で提携し，共同で事業を進めていくことを何と呼ぶか。 | アライアンス |
| 157. 自社の業務の一部を，専門業者などの外部に委託することを何と呼ぶか。 | アウトソーシング |
| 158. 事業の仕組みのことであり，商品の付加価値の提供と収益獲得の方法のことを何と呼ぶか。 | ビジネスモデル |
| 159. 革新・刷新の意味で，新たな価値を生み出すような変化を生む活動を何と呼ぶか。 | イノベーション |

| | |
|---|---|
| 160. 枠組み，構造，ひな形，設計モデル，処理パターンなどの意味を持つ経営用語は何か。 | フレームワーク |
| 161. 企業の買収・合併のことを何と呼ぶか。 | M&A |
| 162. 生産活動を，外部企業に全て委託することで，工場を所有せずに製造業としての活動を行う企業のことを何と呼ぶか。 | ファブレス |
| 163. 本部がフランチャイズ加盟店に対し販売権を提供し，加盟店は定められた手数料を支払う小売形態を何と呼ぶか。 | フランチャイズチェーン |
| 164. 累積の生産量（経験）が増加するにつれて，効率性が高まる（生産性が向上する）ので，コストを下げることができるという関係性を表した曲線を何と呼ぶか。 | 経験曲線 |
| 165. 企業の経営陣が自身が所属している企業や事業部門を買収して独立するM&Aの手法は何か。 | MBO |
| 166. 経営陣ではない株主が買収することを指し，買取り株数や価格，期間を公告し，不特定多数の株主から株式市場外で株式等を買い集める方法をとる手法は何と呼ばれるか。 | TOB |
| 167. 生産規模が拡大されることで，製品やサービスを生産する平均費用が減少することで，利益率が高まる傾向のことを何と呼ぶか。 | 規模の経済 |
| 168. 自社の仕入先，あるいは販売先とのM&Aやアライアンスを行うことで，事業の領域を広げることを何と呼ぶか。 | 垂直統合 |

|  |  |
|---|---|
| **169.** 自社商品が自社の他商品の売上を侵食してしまう現象のことを何と呼ぶか。 | カニバリゼーション |
| **170.** 誰も注目していないような市場で商品・サービス提供を行うことで，その市場においてシェアや収益性を確保しようとする戦略は何か。 | ニッチ戦略 |
| **171.** 自社の経営改善・業務改善のために，自社の企業活動を継続的に測定・評価し，競合他社やその他の優良企業の経営手法と比較する分析手法は何か。 | ベンチマーキング |
| **172.** 同カテゴリー内の商品が市場において差別化されにくくなり，企業や商品ごとの特徴の差や違いが不明瞭で均質化することを何と呼ぶか。 | コモディティ化 |
| **173.** 顧客のニーズなどに応じて，原材料の調達から製品が顧客の手に渡るまでの過程を最適化する経営手法を何と呼ぶか。 | ロジスティクス |
| **174.** 経営戦略を立案する過程で必要となる，企業の外部環境と内部環境の情報を分析するための手法は何か。 | SWOT 分析 |
| **175.** SWOT 分析の分析内容のうち，自社の製品や経営資源が競争相手に比べて優れている点を何と呼ぶか。 | 強み |
| **176.** SWOT 分析の分析内容のうち，自社の製品や経営資源が競争相手に比べて劣っている点を何と呼ぶか。 | 弱み |
| **177.** SWOT 分析の分析内容のうち，社会情勢や市場規模などの外部要因で自社に有利になる点を何と呼ぶか。 | 機会 |
| **178.** SWOT 分析の分析内容のうち，社会情勢や市場規模などの外部要因で自社に不利になる点を何と呼ぶか。 | 脅威 |

| |  |  |
|---|---|---|
| 179. | 最も有効に経営資源を活用するために，市場の成長率やシェアから自社の複数の製品を分析し，組み合わせを決定するための経営情報分析手法は何か。 | PPM（プロダクト・ポートフォリオ・マネジメント） |
| 180. | PPMの分類のうち，市場成長率が高くシェアも大きい製品は何と呼ばれるか。 | 花形製品 |
| 181. | PPMの分類のうち，市場成長率が低いがシェアは大きい製品は何と呼ばれるか。 | 金のなる木 |
| 182. | PPMの分類のうち，市場の成長率は高いがシェアが小さい製品は何と呼ばれるか。 | 問題児 |
| 183. | PPMの分類のうち，市場の成長率が低くシェアも小さい製品は何と呼ばれるか。 | 負け犬 |
| 184. | 自社（Company），競合（Competitor），市場，顧客（Customer）の3つの点からKSF（目標達成のための成功要因）を見つけ出し，企業の全体像や特徴（強み・弱み）を分析する経営戦略手法は何か。 | 3C分析 |
| 185. | 複数の業務用ソフトウェアからなり，ソフト間の連携も可能なパッケージソフトウェアを何と呼ぶか。 | オフィスツール |
| 186. | 製品，価格，流通，広告の4つの視点からマーケティング戦略を練る考え方を何と呼ぶか。 | マーケティングの4P |
| 187. | 顧客にとっての価値（Customer Value），顧客の負担（Cost to the Customer），入手の容易性（Convenience），コミュニケーション（Communication）の4つの顧客視点を重視したマーケティングの考え方を何と呼ぶか。 | マーケティングの4C |

| | | |
|---|---|---|
| 188. | 企業がターゲットとする市場で目標を達成するために活用する，複数のマーケティング要素を組み合わせることを何と呼ぶか。 | マーケティング・ミックス |
| 189. | 対象を特定せずに，すべての消費者にマーケティング活動を行うマーケティング手法は何か。 | マスマーケティング |
| 190. | 市場を地理以外の視点で分類し，その分類ごとに展開するマーケティング手法は何か。 | セグメントマーケティング |
| 191. | 事前に許諾を得た顧客に対し，販売促進（製品情報の配信など）を行うマーケティング手法は何か。 | パーミッションマーケティング |
| 192. | 特定の分野や消費者に対してターゲットを絞ったマーケティング手法は何か。 | ニッチマーケティング |
| 193. | 顧客１人ひとりの価値観や嗜好などを把握し，顧客ごとにアプローチするマーケティング手法は何か。 | ワントゥワンマーケティング |
| 194. | 市場に商品が投入されてから，次第に売れなくなり姿を消すまでの流れを指す言葉で，導入期，成長期，成熟期，衰退期の４段階で表現するものを何と呼ぶか。 | プロダクトライフサイクル |
| 195. | 市場における製品，価格，広告などに関する様々な情報を収集・分析することで，新製品の企画などに役立てる活動を何と呼ぶか。 | 市場調査（マーケティングリサーチ） |
| 196. | どのような顧客に，どの商品やサービスを，どのように売っていくかを決めることで，販売予測，販売目標，販売予算などの販売活動において必要な事柄を明確にする計画は何か。 | 販売計画 |

| | |
|---|---|
| 197. 消費者のニーズにあった製品を市場に提供する計画のことで，既存製品と新製品の構成（プロダクト・ミックス）や数・量を計画することを何と呼ぶか。 | 製品計画 |
| 198. 販売計画を達成するための適正在庫を維持するために，仕入のタイミング・量・価格などを最適なものにする計画を何と呼ぶか。 | 仕入計画 |
| 199. インターネットの検索エンジンに関係するマーケティング活動の総称を何と呼ぶか。 | SEM |
| 200. SEMのうち，検索エンジンでの掲載順位に特化した最適化手法は何か。 | SEO |
| 201. Webサイトに広告を掲載し，広告クリックや商品などの購入来訪者の行動に応じて，サイト管理者に報酬を与える広告を何と呼ぶか。 | アフィリエイト広告 |
| 202. 広告メールを受け取ることを承諾している人に送信されるメール広告は何か。 | オプトインメール広告 |
| 203. Webサイトにハイパーリンクを設定した画像を貼る形式の広告は何か。 | バナー広告 |
| 204. 検索エンジンのキーワード検索結果画面の上部または横に表示する広告は何か。 | リスティング広告（検索連動型広告） |
| 205. 商品の利用者が得ることができる体験や反応，感情などをまとめた言葉は何か。 | UX（ユーザ体験） |
| 206. インターネット上の活動や情報から現実の行動を促す取り組みを何と呼ぶか。 | OtoO（Online to Offline） |

|  |  |
|---|---|
| 207. 商品購入などの行動履歴や登録情報からユーザーの興味分野を分析し，ユーザごとに興味を持ちそうな情報を表示するサービスを何と呼ぶか。 | レコメンデーション |
| 208. 広告配信にも多く利用されている，情報を一斉にメール配信するためのツールは何か。 | メールマガジン |
| 209. 集団の意思決定（流行，買物，選挙など）に関して，大きな影響を及ぼす人物のことを指し，顧客の購買行動に重大な影響を与える人物を何と呼ぶか。 | オピニオンリーダ |
| 210. 実店舗やインターネットなどを問わず，あらゆる販売チャネルによって顧客とつながるマーケティング手法は何か。 | オムニチャネル |
| 211. 顧客の最終購買日，購買頻度，累計購買金額の情報から，顧客分析を行うための手法は何か。 | RFM 分析 |
| 212.「製品」と「市場」をそれぞれ「既存」と「新規」に分け，その組み合わせから成長戦略を「市場浸透」「製品開発」「市場開拓」「多角化」の４つに分類し，企業の成長戦略の方向性を分析・評価する分析ツールは何か。 | アンゾフの成長マトリクス |
| 213. 消費者への直接売り込み，卸・小売店への販売奨励金や販売応援要員の派遣など，企業が直接的に働きかけて販売促進を図る戦略は何か。 | プッシュ戦略 |
| 214. 広告や店頭活動に力を入れ、消費者の需要を積極的に喚起する戦略を何と呼ぶか。 | プル戦略 |

| |  |  |
|---|---|---|
| 215. | 商品・サービスに付加価値をつけ，競争優位を確保するために，企業または商品・サービスの市場での地位確立のための戦略を何と呼ぶか。 | ブランド戦略 |
| 216. | 自社の商品は競合商品を含む市場の中で，どのような位置づけにあるのかを明確にすることを何と呼ぶか。 | ポジショニング |
| 217. | 目標実現や戦略実現のための業務プロセスを評価する指標の1つで，何を持って成果とするかを定量的に定めたもので，成果を数値で示したものは何か。 | KGI（重要目標達成指標） |
| 218. | 目標実現や戦略実現のための業務プロセスを評価する指標の1つで，KGI が実現する手前の業務遂行上の指標にあたるものは何か。 | KPI（重要業績評価指標） |
| 219. | ビジネス戦略や各業務の評価を元に戦略の見直しを行うために使われる情報分析手法は何か。 | BSC（バランス・スコア・カード） |
| 220. | 重要な成功要因を軸とした戦略を組むために，成功要因を明らかにする分析手法は何か。 | CSF（主要成功要因） |
| 221. | 製品やサービスが果たす機能をコストで割ることで商品の価値を把握し，機能強化とコスト削減を行うことで，企業の競争優位を高める手法は何か。 | VE（バリューエンジニアリング） |
| 222. | 購買行動などをデータベースに記録し，顧客との長期的な関係を築くために活用する手法は何か。 | CRM（顧客関係管理） |
| 223. | 顧客の電話応対システムで，大人数のオペレータによる業務を可能にするシステムは何か。 | コールセンターシステム |
| 224. | コールセンターシステムと組み合わせ，即座に顧客情報をオペレータに表示することなどを可能にするシステムは何か。 | CTI |

|  |  |  |
|---|---|---|
| 225. | 顧客情報データベースから情報分析，抽出ができる，営業部門が活用するシステムは何か。 | SFA（営業支援システム） |
| 226. | 見込み客に対する販売促進活動をサポートするシステムで，カタログなどを送信するシステムは何か。 | DM システム |
| 227. | 資材調達から製造，販売にいたる商品供給の流れをひとつの連鎖と捉え，情報共有による業務効率の向上を図る管理手法は何か。 | SCM（サプライチェーンマネジメント） |
| 228. | 企業の業務の流れを機能ごとに分類し，その流れを価格の連鎖と捉える管理手法は何か。 | VCM（バリューチェーンマネジメント） |
| 229. | 設計・調達・製造・広告・販売・保守といった各部門が連携し，統一的な目標に向けて品質管理を行うことを何と呼ぶか。 | TQC（全社的品質管理） |
| 230. | TQC を発展させ，業務や経営全体の質を向上させるための管理手法を何と呼ぶか。 | TQM（総合的品質管理） |
| 231. | TQC を研究・発展させた品質管理手法または経営手法で，徹底した品質管理をする中で，製造工程をはじめとする各工程での品質の "ばらつき" を減らすよう，原因追求と対策をすることで，品質を追求し顧客満足度の向上などにつなげる手法を何と呼ぶか。 | シックスシグマ |
| 232. | 特定の従業員だけが持っている情報や知識を共有し，組織全体で有効活用することで，業務改善や業績向上につなげる経営手法は何か。 | ナレッジマネジメント |
| 233. | 問題解決のための手法として利用されている生産管理・改善のための理論体系で，ボトルネックとなる工程（制約）が，全体の生産量を決定するので，全体のスケジュールをボトルネック工程に合わせることで無駄のない生産ができるという考え方は何か。 | TOC（制約理論） |

# 2-2 技術戦略マネジメント

**単語暗記** 次の説明文が表す用語を答えなさい。 **answer**

| 問題 | answer |
| --- | --- |
| 234. 技術の研究開発の成果を経済的な価値に変える経営のことを何と呼ぶか。 | MOT（技術経営） |
| 235. 企業が研究開発を進める技術のうち，どの技術領域にどれだけ経営資源を投入するかを判断する情報分析手法は何か。 | 技術ポートフォリオ |
| 236. 企業が開発した技術などの知的財産に対して，効率的に特許を取得する戦略のことを何と呼ぶか。 | 特許戦略 |
| 237. デルファイ法をはじめとする技術戦略の立案のために必要な将来的な技術の進歩を予測する手法の総称は何と呼ぶか。 | 技術予測手法 |
| 238. 研究開発，製造，物流の各業務プロセスにおける改革のことを何と呼ぶか。 | プロセスイノベーション |
| 239. 革新的な新技術を取り入れた新製品を開発するなど，製品に関する技術革新のことを何と呼ぶか。 | プロダクトイノベーション |
| 240. 新技術や製品開発に際して，組織の枠組みを越え，広く知識・技術の結集を図る取り組みを何と呼ぶか。 | オープンイノベーション |
| 241. データや経験則だけに頼らず，顧客の声に耳を傾けて，課題の発見や解決につなげる考え方は何か。 | デザイン思考 |

| |  |  |
|---|---|---|
| 242. | 大きなシェアを獲得した企業が顧客の意見に耳を傾け，既存商品の改善に注力することで結果的に技術革新の遅れを発生させて失敗を招くという考え方は何か。 | イノベーションのジレンマ |
| 243. | 匿名制のアンケートを複数回実施し，複数の専門家の判断を集約して，技術戦略の立案のために必要な技術動向や製品動向を分析する手法は何か。 | デルファイ法 |
| 244. | 技術経営において，研究開発したものを事業化するうえで存在する障壁のことを何と呼ぶか。 | 死の谷（デスバレー） |
| 245. | 研究開発より得られた新技術を事業化した時に，市場においてその事業を成功させるために存在する障壁のことを何と呼ぶか。 | ダーウィンの海 |
| 246. | ハイテク業界において新製品・新技術を市場に浸透させていく際に見られる，初期市場から市場への浸透への移行を阻害する深い溝のことを何と呼ぶか。 | キャズム |
| 247. | 技術開発計画に基づき，リリース予定をまとめた図表を何と呼ぶか。 | ロードマップ |
| 248. | ビジネスモデルを，顧客セグメント(CS)，顧客との関係(CR)，チャネル(CH)，提供価値(VP)，キーアクティビティ(KA)，キーリソース(KR)，キーパートナー(KP)，コスト構造(CS)，収入の流れ(RS)の9つの要素で分類し，それぞれの関わりを1枚の紙にまとめた図は何か。 | ビジネスモデルキャンバス |
| 249. | 新しいビジネスを始めるにあたり，生産効率や課題解決のために徹底的に無駄を排除することを重視するマネジメント手法を何と呼ぶか。 | リーンスタートアップ |

**250.** 自社の公開したAPIが他社のサービスにも活用されて広がっていく経済圏のことを何と呼ぶか。

APIエコノミー

**251.** 主にエンジニアが集まって，一定期間集中的にプログラム開発やサービス企画などの共同作業を行い，その技能やアイデアを競う催しを何と呼ぶか。

ハッカソン

# 2-3 ビジネスインダストリ

**単語暗記** 次の説明文が表す用語を答えなさい。 **answer**

| | 問題 | answer |
|---|---|---|
| 252. | 業務に応じて利用する情報システムの総称は何か。 | ビジネスシステム |
| 253. | 主にバーコードを利用し，在庫情報や顧客の購買情報を更新・管理するシステムは何か。 | POS システム（販売時点情報管理） |
| 254. | IC チップをプラスチック製のカードなどに組み込んだものは何か。 | IC カード |
| 255. | IC タグと呼ばれる IC チップを無線で認識するシステムは何か。 | RFID |
| 256. | 貨幣価値を持つ電子情報で，決済に利用することができるものを総称して何と呼ぶか。 | 電子マネー |
| 257. | 電話やナビゲーションシステムなどで利用する人工衛星を利用し位置情報を割り出すシステムは何か。 | GPS 応用システム（世界測位システム） |
| 258. | 無線通信を利用して，車を止めずに高速料金の収受が可能な自動料金収受システムは何か。 | ETC システム（自動料金収受） |
| 259. | RFID を活用し，食品の生産元を確認できるサービスを何と呼ぶか。 | トレーサビリティ |
| 260. | 配信元とユーザの間のエッジサーバ（中継サーバ）にキャッシュデータを保持することで，Web コンテンツの円滑な配信を実現するネットワークは何か。 | CDN |

| | 問題 | 解答 |
|---|---|---|
| 261. | 電力の流れを供給側・需要側の両方から制御できる専用の機器やソフトウェアが送電網の一部に組み込まれ，電力の流れを最適化できる次世代送電網を何と呼ぶか。 | スマートグリッド |
| 262. | サポートデスクなどで利用されている，電話やFAXをコンピュータシステムに統合することで電話やFAXを制御する技術は何か。 | CTI |
| 263. | 企業の資源を統合的に管理，活用する企業資源計画を実現するソフトウェアパッケージは何か。 | ERP パッケージ |
| 264. | 営業支援，労務，会計など業務の内容に応じて必要な機能を持たせたソフトウェアパッケージは何か。 | 業務別ソフトウェアパッケージ |
| 265. | 製造業向け，金融業向け，医療向けなど業種に特化した機能を備えたソフトウェアパッケージは何か。 | 業種別ソフトウェアパッケージ |
| 266. | 出版物の原稿作成やデザイン，レイアウトなどの編集作業をコンピュータで行い，そのデータから印刷を行うことを何と呼ぶか。 | DTP |
| 267. | 人間の知的ふるまいの一部をソフトウェアを用いて人工的に再現したものを何と呼ぶか。 | AI（人工知能） |
| 268. | AI のニューラルネットワークをより高度に成長させるための学習を何と呼ぶか。 | ディープラーニング（深層学習） |
| 269. | 日本に居住する国民一人一人に割り当てられる 12 桁の番号で，主に行政の情報管理と国民の利便性向上を目的に利用される個人認識番号は何か。 | マイナンバー |

| | |
|---|---|
| **270.** 開発期間の短期化，納期の短縮などを実現するために，商品設計から製造・出荷にいたる様々な業務を同時並行的に行う開発手法は何か。 | コンカレントエンジニアリング |
| **271.** 3D 設計にも対応できるコンピュータを用いて設計を行うエンジニアリングシステムは何か。 | CAD |
| **272.** CAD で設計されたデータを元に生産準備全般を行うエンジニアリングシステムは何か。 | CAM |
| **273.** コンピュータを用いて，工場を自動化するエンジニアリングシステムは何か。 | FA |
| **274.** 生産現場における様々な情報を一元管理し，生産の効率性を高めるエンジニアリングシステムは何か。 | CIM |
| **275.** 観測技術の総称で，最近では遠隔地にある対象を観測するためによく使われている技術を何と呼ぶか。 | センシング技術 |
| **276.** "必要な物を，必要な時に，必要な量だけ"生産することで，工程間の在庫を最小限にすることで，待ち時間が生じず，かつ無駄のない効率的な調達・製造を可能にする生産方式は何か。 | JIT（ジャストインタイム） |
| **277.** 生産工程から無駄を徹底的に省くことで，品質を保ちながら生産にかかる時間や必要以上の在庫を削減する生産方式を何と呼ぶか。 | リーン生産方式 |
| **278.** 「いつ，どこで，何が，どれだけ使われたか」を書いたカードを使い，使われた分だけ新たに部品を生産することで，結果的に無駄な在庫を削減することにつなげる生産方式を何と呼ぶか。 | かんばん方式 |

| | |
|---|---|
| **279.** 工作機械を使用し自動生産する生産システムで，人間を介さず無人生産を可能にすることで，生産容量および稼働率を向上させるものを何と呼ぶか。 | FMS（フレキシブル生産システム） |
| **280.** 企業の生産計画に基づいて，必要な資材や部品の所要量と発注時期を割り出し手配する生産・在庫管理の手法は何か。 | MRP（資材所要量計画） |
| **281.** インターネットを活用した企業活動を総称して何と呼ぶか。 | e ビジネス |
| **282.** e ビジネスのうち，インターネット上で行われる商取引を総称して何と呼ぶか。 | 電子商取引，E コマース，EC |
| **283.** 通信販売を専業とする小売業など，店舗を開設せずに商品の小売を行うことを何と呼ぶか。 | 無店舗販売 |
| **284.** ヒット商品ではない販売機会の少ない（ニッチ）商品でも，多品種少量販売によって，全体の売り上げを大きくするインターネット販売のマーケティング手法，または考え方を何と呼ぶか。 | ロングテール |
| **285.** 商取引を取引対象によって分類した場合，企業間取引に当たる商取引を何と呼ぶか。 | B to B |
| **286.** 商取引を取引対象によって分類した場合，企業による個人向け販売に当たる商取引を何と呼ぶか。 | B to C |
| **287.** 商取引を取引対象によって分類した場合，オークションなど個人間の商取引を何と呼ぶか。 | C to C |
| **288.** 商取引を取引対象によって分類した場合，企業と政府や公共機関との商取引を何と呼ぶか。 | B to G |

| | 問題 | 解答 |
|---|---|---|
| 289. | 商取引を取引対象によって分類した場合，自社製品の売買や社内教育や業務支援は何と呼ぶか。 | B to E |
| 290. | インターネット上に設けられた企業間取引所を何と呼ぶか。 | 電子マーケットプレイス |
| 291. | 複数のオンラインショップが連なるWebサイトを何と呼ぶか。 | オンラインモール |
| 292. | インターネット上で行われる個人間取引で，入札制度によって実現する商取引サービスを何と呼ぶか。 | 電子オークション |
| 293. | インターネット上で銀行口座を扱えるサービスを何と呼ぶか。 | インターネットバンキング |
| 294. | インターネット上で株取引を行えるサービスを何と呼ぶか。 | インターネットトレーディング |
| 295. | インターネットを通じて不特定多数の人からの資金調達を可能にするサービスは何か。 | クラウドファンディング |
| 296. | 標準化された規約に基づいて電子化された注文書や請求書などのビジネス文書をやり取りする企業間取引，また，そのための仕組みを何と呼ぶか。 | EDI（電子データ交換） |
| 297. | スマートフォンを活用した送金やクレジット決済などITを活用した金融サービスのことを何と呼ぶか。 | フィンテック（FinTech） |
| 298. | 国家による価値の保障を持たないものの，商品提供への対価を支払う決済手段として利用できる暗号化されたディジタル通貨を何と呼ぶか。 | 仮想通貨 |
| 299. | 金融機関のメールやWebサイトを装い，暗証番号やクレジットカード番号などを詐取するインターネット上の詐欺行為を何と呼ぶか。 | フィッシング詐欺 |

| | |
|---|---|
| **300.** 販売元と購入者の間に第三者が入り，商品と代金のやり取りを取り持ち，購入者が商品を受け取ってから代金を支払い，その代金を第三者が責任をもって回収するサービスは何か。 | エスクローサービス |
| **301.** 人の操作を介さずにありとあらゆるモノがインターネットを通じて直接情報を伝達・共有しあう仕組みを何と呼ぶか。 | IoT |
| **302.** 商品の輸送や人が立ち入れない場所や空中からの撮影や監視など様々な場所で活用される小型の無人飛行機を何と呼ぶか。 | ドローン |
| **303.** 車両の状態や道路状況などのセンサーによって取得し，インターネットを通じて共有・分析することで，快適性や安全性の向上を実現する自動車を何と呼ぶか。 | コネクテッドカー |
| **304.** センサーやAIといった先端技術を用いて，自動車を人間が運転操作をせずに自動走行させる技術を何と呼ぶか。 | 自動運転 |
| **305.** 人間をはじめとする動物と似た動作機能を有する機械を何と呼ぶか。 | ロボット |
| **306.** バッテリ駆動型の機器を充電装置の近くに置くだけで，充電することができる技術を何と呼ぶか。 | ワイヤレス給電 |
| **307.** IoT技術を駆使し，生産用機械とインターネットを接続し，生産状況や機械の状況を管理し最適化する工場を何と呼ぶか。 | スマートファクトリー |
| **308.** 用途や機能の実現のためにコンピュータが組み込まれている電子機器を総称して何と呼ぶか。 | 組み込みシステム |

| 問題 | 解答 |
| --- | --- |
| 309. 学習機能により，人間の言葉を理解して反応したり，判断をともなう知的な処理を行うプログラムは何か。 | AI（人工知能） |
| 310. 組み込みシステムを利用し，ネットワークに接続された家電製品を何と呼ぶか。 | 情報家電 |
| 311. 電子機器のうち，一般家庭で使用される電化製品や通信機器を総称して何と呼ぶか。 | 民生機器 |
| 312. 電子機器のうち，産業機械や公共機関で使用される機器を総称して何と呼ぶか。 | 産業機器 |
| 313. ロボット制御技術の研究であり，ロボットの設計や開発，運転などの研究を何と呼ぶか。 | ロボティクス |
| 314. 屋外広告，交通広告，店内広告等に広く利用される，ディスプレイやプロジェクタなどによって映像や情報を表示する広告媒体のことを何と呼ぶか。 | ディジタルサイネージ |
| 315. 顧客の操作によって，金融機関から現金の引き出し，預入，振込などを可能にする，現金自動預け払い機とも呼ばれるものは何か。 | ATM |
| 316. ハードウェアとソフトウェアの中間という位置付けで扱われる，電子機器に組み込まれたハードウェアを制御するためのソフトウェアを何と呼ぶか。 | ファームウェア |

### コラム

この範囲には，非常に紛らわしいキーワードが多くなっています。
特にアルファベット３字の略称で表されているものについては，よく復習をしておきましょう。
略称だけでなく正式名称や日本語訳の名称を一緒に覚えておくことで，択一問題での混乱をさけることにつながります。

# 第3章 システム戦略

## 3-1 システム戦略

**単語暗記** 次の説明文が表す用語を答えなさい。 **answer**

| | 問題 | answer |
|---|---|---|
| 317. | ファイルサーバ，データベースサーバ，Webサーバなどで管理されているファイルやデータといった企業の情報資産を横断的に検索するためのしくみのことを何と呼ぶか。 | エンタープライズサーチ |
| 318. | 企業の経営戦略の具体的な目標を明確にしたものを何と呼ぶか。 | 戦略目標 |
| 319. | 内部環境や外部環境を把握するために，各業務を分かりやすくまとめて表現したものを何と呼ぶか。 | モデル |
| 320. | モデルのうち，企業活動や構想，企業のビジネスのしくみを表現したものは何か。 | ビジネスモデル |
| 321. | モデルのうち，業務がどのように処理されているかを明確にするため，業務の流れを表現したものは何か。 | ビジネスプロセスモデル |
| 322. | モデルのうち，業務において情報がどのように流れて処理されているかを表現したものは何か。 | 情報システムモデル |

| 問題 | 解答 |
|---|---|
| **323.** 企業の基幹システムや顧客情報を扱うシステムなど，記録を主目的とし，運用者の満足度を重要視して構築されるシステムを何と呼ぶか。 | SoR |
| **324.** ソフトウェアのアップデートを配信するシステムなど，顧客とのつながりを主目的とし，顧客の満足度を重要視して構築されるシステムを何と呼ぶか。 | SoE |
| **325.** ユーザが意識しない，見えないWeb サイトの裏側にあたるサイト内部の処理部分を何と呼ぶか。 | バックエンド |
| **326.** ユーザーから見えているWeb サイトのデザインを含めたインターフェイス部分のことを何と呼ぶか。 | フロントエンド |
| **327.** 政府機関や大企業などの巨大な組織の業務や情報システムを一定の考え方や方法で標準化し，組織の全体最適化を図っていく活動または方法論を何と呼ぶか。 | EA |
| **328.** 業務を視覚的に把握するために簡単にまとめて表したものを何と呼ぶか。 | モデリング |
| **329.** モデリングに利用される代表的な技法で，エンティティとリレーションシップを使い，データの関連図を作成する手法は何か。 | E-R 図（実体関連図） |
| **330.** モデリングに利用される代表的な技法で，ファイル，データフロー，プロセス，外部の4 要素を用いてデータの流れを図にし，業務の流れを把握する手法は何か。 | DFD |
| **331.** ビジネスプロセスモデリング表記法とも呼ばれるすべてのビジネス関係者が容易に理解できる標準記法は何か。 | BPMN |

| | | |
|---|---|---|
| 332. | 業務の効率化やコスト削減のために，既存業務の手順を見直し，業務の流れを再構築する手法は何か。 | BPR |
| 333. | 業務を分析し，実際に実行，改善，再構築を繰り返し，業務改善を行う業務管理手法は何か。 | BPM |
| 334. | 業務のルールやポジションを明確化し，ミスの減少や作業の効率化を図る手法は何か。 | ワークフローシステム |
| 335. | 企業の間接業務を自動化する技術で，データの収集統合やシステムへの入力，単純なオフィス業務を自動化します。<br>請求書の処理や従業員からの各種申請の処理など，定義できるルールであれば，処理を自動化することで人為的なミスを防ぐことができます。 | RPA |
| 336. | ファイル共有や電子メール，掲示板，スケジュール管理などの情報をやり取りし，業務の効率化を実現するシステムは何か。 | グループウェア |
| 337. | 電子メールやグループウェア，クラウドなどを活用することで，自宅や外出先で業務にあたり場所や時間の制約を受けない自由な勤務形態のことを何と呼ぶか。 | テレワーク |
| 338. | 実際に集まることなく，複数人で会議を行え，表情や資料をカメラで表示できるシステムは何か。 | テレビ会議 |
| 339. | 従業員が個人所有しているモバイルPCなどを職場に持ち込んで使用することを何と呼ぶか。 | BYOD（私的デバイス活用） |
| 340. | 日記形式でWebサイトを更新管理でき，企業の情報発信でも役立てられるシステムは何か。 | ブログ |

| | |
|---|---|
| **341.** 様々なコミュニケーション機能を有し，利用者間のつながりなどを利用してマーケティング活動にも利用されている Web システムは何か。 | SNS |
| **342.** 製品やサービス，場所などを他の契約者と共有することで，より多くの商品を利用できる仕組みのことを何と呼ぶか。 | シェアリングエコノミー |
| **343.** 顧客企業の問題点や要望を，専門技術や知識を用いて解決するビジネスを何と呼ぶか。 | ソリューションビジネス |
| **344.** 外部委託とも呼ばれ，外部の専門業者が依頼元企業の業務の一部を委託されるサービスは何か。 | アウトソーシング |
| **345.** サーバの一部またはすべての領域を，ファイルサーバや Web サーバとして貸し出すサービスは何か。 | ホスティング |
| **346.** 依頼元の企業が用意したサーバを専門業者が預かり，ネットワークやセキュリティが整った環境を貸し出すサービスは何か。 | ハウジング |
| **347.** 企業ごとにサーバを用意し，インターネット経由でサーバ上のソフトウェアを提供するサービスは何か。 | ASP |
| **348.** 複数の企業でサーバを共有し，インターネット経由でサーバ上のソフトウェアを提供するサービスは何か。 | SaaS |
| **349.** インターネットを通じて，システムやアプリケーションを稼働するためのプラットフォーム環境を提供するサービスは何か。 | PaaS |

| | |
|---|---|
| **350.** インターネットを通じて，仮想サーバなどのハードウェア環境やネットワーク環境などのインフラを提供するサービスは何か。 | IaaS |
| **351.** インターネットを通じて，仮想デスクトップ環境を提供するサービスは何か。 | DaaS |
| **352.** SaaS と同様のサービスであるが，データ処理が複数のサーバに分散され，それらを巨大な 1 つのコンピュータとして捉えるものを何と呼ぶか。 | クラウドコンピューティング |
| **353.** 企業が自社内に業務システムなどを設置，運用することを何と呼ぶか。 | オンプレミス |
| **354.** 機能ごとに独立したソフトウェアを組み合わせてシステム構築することを何と呼ぶか。 | SOA（サービス指向アーキテクチャ） |
| **355.** 概念実証とも呼ばれ，新しい概念，理論，原理などが実現可能であることを示すための簡易的な試行を何と呼ぶか。 | PoC |
| **356.** コンピュータやネットワークの基本的な知識や操作能力を何と呼ぶか。 | 情報リテラシ |
| **357.** ビジネスにおいては IT 技術を用いることで事業の規模や内容を根本的に変化させるという概念を何と呼ぶか。 | ディジタルトランスフォーメーション（DX） |
| **358.** 企業が持つ様々な情報（売上情報や顧客情報など）を整理し保管したものを何と呼ぶか。 | データウェアハウス |
| **359.** データウェアハウスから利用目的に合わせて形式変換し，データベース化したものを何と呼ぶか。 | データマート |

| 問題 | 解答 |
|---|---|
| 360. データウェアハウスなどの大量の数値データを分析し，意思決定などに役立てるツールの総称は何か。 | BI ツール |
| 361. BI ツールのうち，データを分析し，その中からパターンやルールを読み取り（パターン認識），蓄積・学習することで，新しい知識を発見・学習するプロセスを何と呼ぶか。 | データマイニング |
| 362. 文章から単語の出現頻度や相関，傾向などを解析し，有益な情報を取り出す文字列を対象としたデータマイニングは何か。 | テキストマイニング |
| 363. データに関する研究を行う学問の総称で，統計学，数学などを用いて大量のデータを分析し，その中から有益な情報や法則性，関連性などを導き出すものは何か。 | データサイエンス |
| 364. 人からの処理命令を介さずにインターネットを通じてコンピュータ同士が情報のやり取りを行う仕組みのことを何と呼ぶか。 | IoT（モノのインターネット） |
| 365. IoT と異なり，特定の機械同士がネットワークを通じて情報をやりとりすることを何と呼ぶか。 | MtoM |
| 366. 経営分析やマーケティング活動で利用される，通常の業務システムでは処理が困難なほどに大規模なデータ群を何と呼ぶか。 | ビッグデータ |
| 367. 遠隔地からの授業参加や動画講義配信，自動採点機能を持ったテストの実施といったインターネット技術を活用した教育を総称して何と呼ぶか。 | e- ラーニング |

| | | |
|---|---|---|
| **368.** | 顧客との関係構築や課題解決のために，顧客を楽しませるようなゲーム要素を取り入れる取り組みを何と呼ぶか。 | ゲーミフィケーション |
| **369.** | 情報格差とも呼ばれ，情報技術を使いこなせる人と使いこなせない人との間に生じる待遇や貧富，機会の格差を何と呼ぶか。 | ディジタルディバイド |
| **370.** | 情報分野において情報の受け取りやすさを意味し，高齢者や障がい者を含む多くの人が不自由なく情報を得られるようにすることを意味する概念は何か。 | アクセシビリティ |

## コラム

システム戦略に関する問題では，キーワードの他に，「システム戦略は企業の経営戦略に沿っていなければならない」という根本的な考え方に関する問題が頻出となっています。
おそらくこれまで多くのITエンジニアが，ITの発展スピードと経営戦略の間で悩み，時として経営戦略と乖離（かいり）したシステム戦略をとる間違いを起こしてきたことが影響していると思います。
あくまでシステムは経営戦略実現のために活用されるものであるということを忘れないでください。

# 3-2 システム化計画

**単語暗記** 次の説明文が表す用語を答えなさい。

| | answer |
|---|---|
| **371.** システム化計画の立案時に，開発・運用で起こりうる問題と対処を検討することを何と呼ぶか。 | リスク分析 |
| **372.** 戦略と運用担当者のニーズに基づき，システムに実装すべき機能や仕組みを明確にすることを何と呼ぶか。 | 業務案件定義 |
| **373.** システム化する業務内容や業務フローなどの全体的な要件を定義することを何と呼ぶか。 | 要件定義 |
| **374.** 要件定義を行う上で利用する，システムの状態とその状態が遷移するための要因との関係を図式化したものは何か。 | 状態遷移図（せんいず） |
| **375.** 要件定義を行う上で利用する，条件と処理を対比させた表形式で論理を表現したものは何か。 | 決定表 |
| **376.** 調達にあたり，発注先候補などにシステムに必要な製品の情報提供を依頼することを何と呼ぶか。 | RFI（情報提供依頼書） |
| **377.** 調達にあたり，提案を要求するために調達条件やシステムの概要をまとめ，発注先候補に配布するものは何か。 | RFP（提案依頼書） |
| **378.** 発注候補先がシステムの構成や開発手法などを記し，見積書とともに提出するものは何か。 | 提案書 |
| **379.** 製品の製造に利用する原材料や設備を調達する際に，できるだけ環境に配慮し，環境への負荷が少ないものを優先的に採用する考え方は何か。 | グリーン調達 |

# 第4章 開発技術

## 4-1 システム開発技術

**単語暗記** 次の説明文が表す用語を答えなさい。

| | 問題 | answer |
|---|---|---|
| 380. | ソフトウェア開発プロセスの要件定義において，システム化する業務を具体化したものを何と呼ぶか。 | ソフトウェア要件定義 |
| 381. | ソフトウェア開発プロセスの要件定義において，稼働に必要なハードウェアの性能やネットワーク環境などを明確にしたものを何と呼ぶか。 | システム要件定義 |
| 382. | システム開発やソフトウェア開発の要件定義のうち，開発することで実現する業務における機能の要件を何と呼ぶか。 | 機能要件 |
| 383. | システム開発やソフトウェア開発の要件定義のうち，性能，信頼性，拡張性，運用性，セキュリティなどの機能面以外のものを何と呼ぶか。 | 非機能要件 |
| 384. | 機能性，効率性，使用性，信頼性など商品の品質を構成する要素を指し，評価指標としても利用されるものは何か。 | 品質特性 |
| 385. | 複数人によってレビュー（審査・点検・検査など）をすることを何と呼ぶか。 | 共同レビュー |

| | 問題 | 解答 |
|---|---|---|
| 386. | 要件定義を元に設計され，プログラミング時の設計書となるものを作成する一連の流れを何と呼ぶか。 | システム設計 |
| 387. | システム設計のうち，入出力画面や帳票などシステムの見える部分を設計することを何と呼ぶか。 | システム方式設計（外部設計） |
| 388. | システム方式設計を元に，システムに必要な機能や具体的な処理手順を設計することを何と呼ぶか。 | ソフトウェア開発設計（内部設計） |
| 389. | ソフトウェア開発設計に基づき，ソフトウェアの設計思想，データ処理などプログラム構造を設計することを何と呼ぶか。 | ソフトウェア詳細設計（プログラム設計） |
| 390. | ソフトウェア詳細設計にある設計思想は別名で何と呼ばれるか。 | アーキテクチャ |
| 391. | 機能ごとのプログラム単位で作成する設計書を何と呼ぶか。 | プログラム設計書 |
| 392. | プログラム設計書の機能ごとのプログラム単位は別名で何と呼ばれるか。 | モジュール |
| 393. | プログラム設計書に基づきプログラムを作成することを何と呼ぶか。 | プログラミング |
| 394. | プログラミング言語を使ってソフトウェアの設計図にあたるソースコードを作成する作業を何と呼ぶか。 | コーディング |
| 395. | ソフトウェア開発工程において，ソースコードのコーディング担当者以外が行うソースコードのレビュー（審査・点検・検査など）を何と呼ぶか。 | コードレビュー |

| | | |
|---|---|---|
| 396. | プログラム言語で作成されたプログラムをコンピュータが実行可能なコードに変換するソフトウェアを何と呼ぶか。 | コンパイラ |
| 397. | プログラムのミスを何と呼ぶか。 | バグ |
| 398. | 作成した機能ごとのプログラムがプログラム設計書通りに動作するか確認するテストは何か。 | 単体テスト |
| 399. | 単体テストの代表的な手法で，システムの内部構造の整合性に注目し意図した動作を行うテストは何か。 | ホワイトボックステスト |
| 400. | ホワイトボックステストで利用するテストデータのうち，すべての条件分岐を一通り実行するものを何と呼ぶか。 | 判定条件網羅（もうら） |
| 401. | 単体テストが完了した機能ごとのプログラムを結合したプログラムの動作を確認するテストは何か。 | 結合テスト |
| 402. | 結合テストのうち，最上位から下に順に行う方法を取るテストを何と呼ぶか。 | トップダウンテスト |
| 403. | 結合テストのうち，最下位から上に順に行う方法を取るテストを何と呼ぶか。 | ボトムアップテスト |
| 404. | トップダウンテストとボトムアップテストを組み合わせて行うテストを何と呼ぶか。 | サンドイッチテスト |
| 405. | 機能ごとのプログラムをすべて結合して，一斉に動作検証をするテストを何と呼ぶか。 | ビッグバンテスト |

| | 問題 | 解答 |
|---|---|---|
| 406. | 開発したシステム全体の総合テストで，開発者側の最終テストになり，システム設計に沿った正しい動作をするか確認するテストは何か。 | システムテスト |
| 407. | システムテストに運用側の責任者として参加するシステム管理責任者を何と呼ぶか。 | システムアドミニストレータ |
| 408. | 実際の運用環境で，実際の業務で使うものと同じようなテストデータを利用して行うテストは何か。 | 運用テスト |
| 409. | プログラムで処理した結果から仕様書通りの処理を行えているか評価するもので，システムの入力情報と出力情報に着目して行うテストを何と呼ぶか。 | ブラックボックステスト |
| 410. | ブラックボックステストにおいて，データの許容範囲の上限と下限になるデータとそれぞれの限界を超えた所のデータでテストをする手法を何と呼ぶか。 | 限界値分析 |
| 411. | 起こりうるすべての事象をグループ化し，それぞれのグループの代表値を利用してテストをする手法を何と呼ぶか。 | 同値分割 |
| 412. | 同値分割において，起こりうるすべての事象を元に分けられたグループを何と呼ぶか。 | 同値クラス |
| 413. | ソフトウェア受入れ時に行う最終テストを何と呼ぶか。 | ユーザー承認テスト |
| 414. | 開発者がソフトウェア受入れ時に用意するシステムの操作方法を記した説明書を何と呼ぶか。 | 利用者マニュアル |

| | 問題 | 解答 |
|---|---|---|
| **415.** | システムの運用開始後，システムの稼働状況を監視し，不具合などの問題点があれば修正を行うといった一連のプロセスを何と呼ぶか。 | **ソフトウェア保守** |
| **416.** | プログラムを変更した際に，その変更による影響を確認するテストのことを何と呼ぶか。 | **回帰テスト（リグレッションテスト）** |
| **417.** | システムの再構築を行った際に，本稼働させる環境で旧システムから新システムに切り替えて運用できる状態にする作業を何と呼ぶか。 | **移行** |
| **418.** | ソフトウェアの見積もり手法のうち，開発ソフトウェアの機能を基準に点数をつけて，その合計から開発規模や工数と費用を見積もる手法を何と呼ぶか。 | **ファンクションポイント法** |
| **419.** | ソフトウェアの見積もり手法のうち，開発するプログラムのステップ数から開発規模や工数とそれにかかる費用を見積もる方法を何と呼ぶか。 | **プログラムステップ法** |
| **420.** | ソフトウェア見積もりの１つで，過去の類似プロジェクトを参考にして見積もる方法は何か。 | **類推見積法** |
| **421.** | 一般的に，ソフトウェア開発プロセスの要件定義，外部設計までの工程を何と呼ぶか。 | **上流工程** |
| **422.** | 一般的に，ソフトウェア開発プロセスの実開発にあたる内部設計，プログラム設計，プログラミング，テストの工程を何と呼ぶか。 | **下流工程** |

# 4-2 ソフトウェア開発管理技術

**単語暗記** 次の説明文が表す用語を答えなさい。 **answer**

| | | answer |
|---|---|---|
| 423. | ソフトウェア開発手法のうち，プログラム全体を段階的に細かな単位に分割して処理する手法は何か。 | 構造化手法（構造化プログラミング） |
| 424. | システム全体を処理手順ではなく扱うデータの役割を持つオブジェクトの集合体であるという考え方に基づき，処理対象単位で開発する手法は何か。 | オブジェクト指向 |
| 425. | システムやソフトウェアの使用例を記述したもので，システムがどのような人にどのように利用されるのかをまとめる技法を何と呼ぶか。 | ユースケース |
| 426. | オブジェクト指向のプログラムの仕様から設計図を作成する際に用いられる統一表記法は何か。 | UML（統一モデリング言語） |
| 427. | 開発担当者と運用担当者が協力し開発を進めるソフトウェア開発手法は何か。 | DevOps（デブオプス） |
| 428. | 業務で扱うデータの内容や流れを元に，データベースを作成し，そのデータベースを中心にシステム設計を行う手法は何か。 | データ中心アプローチ |
| 429. | 業務プロセスを中心に考えてシステム設計を行う手法は何か。 | プロセス中心アプローチ |
| 430. | 最も一般的なソフトウェア開発モデルで，開発工程を段階的に進めていく開発モデルは何か。 | ウォータフォールモデル |

| | |
|---|---|
| **431.** プロセス中心アプローチで開発したプログラムの一部をユーザーが確認，フィードバックし，それを元に分析，設計，開発を繰り返す開発モデルは何か。 | スパイラルモデル |
| **432.** 開発者が試作品を作成し，ユーザーから評価を得つつ開発を進める開発モデルは何か。 | プロトタイピングモデル |
| **433.** ソフトウェア開発プロセスのうち，良いものを素早く無駄なく作ろうとする考え方・開発手法を何と呼ぶか。 | アジャイル開発 |
| **434.** コミュニケーションとシンプルさを重視し，コードを必要最低限の状態で実装したうえで，反復的に少しずつ開発を進めるアジャイル開発手法を何と呼ぶか。 | XP（エクストリームプログラミング） |
| **435.** アジャイル開発において，最初にプログラム用のテストデータを用意し，そのテストを通るような必要最低限のプログラムコードを作成する工程を繰り返すプログラミング手法を何と呼ぶか。 | テスト駆動開発 |
| **436.** アジャイル開発において，外部から見た動作を変えることなく内部構造を改善していく作業を何と呼ぶか。 | リファクタリング |
| **437.** 2人のプログラマが1台のコンピュータを共有し，一人がテストを作成している時に，並行してもう一人がそのテストを通るコードを検討するといった相補的な作業を行うことで開発工程を効率化するアジャイル開発手法を何と呼ぶか。 | ペアプログラミング |
| **438.** チームのコミュニケーションを重視し，開発プロジェクトの進捗や問題点をメンバー間で確認しあいながら開発を進めることで，自律的なチームを作り，短期間での効率的な開発を実現するアジャイル開発手法は何と呼ぶか。 | スクラム |

**439.** ハードウェアを分解，またはソフトウェアを解析し，その仕組みや仕様，構成要素，技術などを明らかにすることを何と呼ぶか。

**リバースエンジニアリング**

**440.** ユーザーと開発者間で作成する，共通の用語や作業内容を標準化するためのガイドラインは何か。

**共通フレーム**

**441.** 企業や部門などの組織のうち，特にソフトウェア開発プロセスの組織能力を成熟度という水準で判定し，それを基に能力向上を図り，組織がより適切にプロセスを管理できるようにするための指針を体系化したものを何と呼ぶか。

**CMM（能力成熟度モデル）**

**442.** CMMを発展させたもので，ハードウェアや人的側面（コミュニケーション，リーダーシップ）なども評価の対象とされ，組織の能力を表す指標として利用されるものは何か。

**CMMI（能力成熟度モデル統合）**

# 第5章 プロジェクトマネジメント

## 5-1 プロジェクトマネジメント

**単語暗記** 次の説明文が表す用語を答えなさい。

| | | answer |
|---|---|---|
| 443. | プロジェクトで必要な人員を何と呼ぶか。 | プロジェクトメンバー |
| 444. | プロジェクトメンバーによる組織を何と呼ぶか。 | プロジェクトチーム |
| 445. | プロジェクトメンバーの管理者を何と呼ぶか。 | プロジェクトマネージャー |
| 446. | プロジェクトの目的や目標，それに向けてのプロセスや体制，スケジュールなどをまとめたものは何か。 | プロジェクト計画書 |
| 447. | プロジェクト管理手法の1つで，成果物の特徴や機能と，成果物を利用者に引き渡すための作業の両面から作業範囲を分析し，進捗管理する手法は何か。 | プロジェクトスコープマネジメント |
| 448. | リスクの発生要因を停止，またはリスクの発生要因を含まない別の方法に変更するリスク対応の手段は何か。 | リスク回避 |
| 449. | リスクの発生率または損失をできる限り小さくするように対策するリスク対応の手段は何か。 | リスク軽減 |
| 450. | 発生頻度や損失が小さいリスクを許容範囲内のリスクとして受け入れるリスク対応の手段は何か。 | リスク受容 |

| |  |  |
|---|---|---|
| 451. | 保険への加入など自社が抱えるリスクを他社に移すリスク対応の手段は何か。 | リスク転嫁 |
| 452. | プロジェクトの進捗管理に利用され，矢印と丸印などを用いて作業工程の流れを図式化したものは何か。 | PERT（アローダイアグラム） |
| 453. | PERTにおいて余裕のないプロセス，すなわち最も日数を要するプロセスを何と呼ぶか。 | クリティカルパス |
| 454. | プロジェクトの進捗管理に利用され，作業計画やスケジュールを横棒グラフで表す工程管理図は何か。 | ガントチャート |
| 455. | プロジェクト遂行に必要な情報を，プロジェクトメンバーを含めたステークホルダーに正確に届けるマネジメント手法を何と呼ぶか。 | プロジェクト・コミュニケーション・マネジメント |
| 456. | プロジェクト遂行において発生するリスクに着目し，そのリスクを繰り返し分析し，重要度の高いリスクについては対応を加えながら進めるマネジメント手法を何と呼ぶか。 | プロジェクト・リスク・マネジメント |
| 457. | プロジェクト終結時に作成する，プロジェクトに関するすべての情報を記載したものは何か。 | プロジェクト完了報告書 |

# 第6章 サービスマネジメント

## 6-1 サービスマネジメント

**単語暗記** 次の説明文が表す用語を答えなさい。

| | | answer |
|---|---|---|
| 458. | IT 部門の業務を IT サービスと捉え，その業務を体系化することで，IT サービスの運用効率や品質の向上を目指す運用管理手法のことを何と呼ぶか。 | IT サービスマネジメント |
| 459. | 利用者への IT サービスに対する保証につながる，IT サービスマネジメントを進める上で役立てられるガイドラインは何か。 | ITIL |
| 460. | 変更管理や構成管理，リリース管理などのサービスを総称して何と呼ぶか。 | サービスサポート |
| 461. | 随時更新されるデータ（プログラムのソースコードや文書ファイルなど）の更新履歴を管理すること，またはその機能を何と呼ぶか。 | バージョン管理 |
| 462. | サービスサポートのうち，コミュニケーションをとる役割を担うユーザーからの問い合わせ窓口を何と呼ぶか。 | サービスデスク |
| 463. | 元々は段階的に拡大していくことを指す言葉だが，IT 分野では "対象範囲を広げること" や "問題に対処できる上位者に対応要請すること" として使われる言葉は何か。 | エスカレーション |

|  |  |
|---|---|
| **464.** サポート業務の効率化を図ることができる，よくある質問とその回答とを集めて公開するものを何と呼ぶか。 | FAQ |
| **465.**「チャット」と「ロボット」を組み合わせた造語で，利用者とロボットがテキストや音声を通じて，会話を自動的に行うシステムやプログラムを何と呼ぶか。 | チャットボット |
| **466.** サービスサポートのうち，IT サービスの中断に対して対策し，可能な限り早く復旧するように管理することを何と呼ぶか。 | インシデント管理 |
| **467.** サービスレベル管理やキャパシティ管理，可用性管理などのサービスを総称して何と呼ぶか。 | サービスデリバリ |
| **468.** 提供するサービスの品質と範囲を明文化し，サービス提供者が顧客との合意に基づいて運用するために結ぶものを何と呼ぶか。 | SLA（サービスレベル合意書） |
| **469.** SLA で示したサービス品質や範囲を達成するために行う運用管理を何と呼ぶか。 | SLM（サービスレベル管理） |
| **470.** システムやサービスの稼働率が目標の水準以上を維持するための様々な取り組みを何と呼ぶか。 | 可用性管理 |
| **471.** 停電時にコンピュータやサーバなどのハードウェアへの電源供給が停止しないようにするためのシステムは何か。 | UPS（無停電電源装置） |
| **472.** ノートパソコンなどの盗難の危険性があるハードウェアを机や柱などに結び付けるものは何か。 | セキュリティワイヤ |

| | | |
|---|---|---|
| 473. | 企業や工場等の施設で電力供給が止まった際の対策として利用される装置で，企業活動のための利用だけでなく，安全面から必要とされる様々な機器やビル管理装置（消火栓やスプリンクラーなど）への電力供給に利用されるものは何か。 | 自家発電装置 |
| 474. | 雷などによる異常な電流・電圧によってシステムなどに障害が発生しないように防護する装置は何か。 | サージ防護 |
| 475. | 建物や設備などの資源が最適な状態となるように改善を進めるための考え方を何と呼ぶか。 | ファシリティマネジメント |

## コラム

マネジメント系の内容は，すでに仕事でITに関わっている人にとっては，勉強しやすい範囲であるといえるでしょう。
一方で，学生や社会人でも日常的にITに触れる機会のない人にとっては，敷居の高い内容といえそうです。

勉強する上で意識すべきなのは，この範囲で出てくる様々な内容は，いずれも必要性があって実施されていることだということです。
裏を返せば，それを実施しなければ，何らかの業務上の漏れやミスにつながってしまいます。

試験では，キーワードの意味も問われますが，業務の具体的なイメージを元にした出題が数多く見られます。
これらに対応するには，勉強する段階で，いかに業務のイメージを持っていられるか。
問題文を読んだ時に，
「これではミスが発生するのでは？」
と気づくことができる感覚が養われているかが重要になります。

もしも試験にそのような問題が出題された時には，落ち着いて業務のイメージを頭に膨らませるようにしてみましょう。

キーワードを知らなくても案外解けてしまう問題があると思いますよ。

# 6-2 システム監査

**単語暗記** 次の説明文が表す用語を答えなさい。 **answer**

| | 問題 | answer |
|---|---|---|
| 476. | 企業の業務が法令や基準に違反していないか，内部監査人や外部の第三者がチェックする業務は何か。 | 監査業務 |
| 477. | 監査業務のうち，情報セキュリティ監査基準に基づいて，情報セキュリティ監査人による監査，助言を行うものを何と呼ぶか。 | 情報セキュリティ監査 |
| 478. | 監査業務のうち，専門家によるシステムの総合的なチェック業務を何と呼ぶか。 | システム監査 |
| 479. | 企業から独立した組織（第三者）に属し，システムを検証，評価し，助言や勧告を行う者を何と呼ぶか。 | システム監査人 |
| 480. | 監査業務を実施するプロセスで，その目的や対象を明確にするために作成されるものは何か。 | システム監査計画 |
| 481. | 監査業務を実施するプロセスで，対象資料を収集・分析し，チェックリストの作成，確認する項目の洗い出し，個別計画書の修正を行うことを何と呼ぶか。 | 予備調査 |
| 482. | 予備調査の後に作成される調査の手順方法などを記述したものは何か。 | 監査手続書 |
| 483. | 監査手続書に従い，関連する記録や資料の調査，担当者へのインタビューなどを行うことを何と呼ぶか。 | 本調査 |

| | | |
|---|---|---|
| 484. | 本調査の結果として保管されるものを何と呼ぶか。<br>本調査の結果を元に，総合的な評価をまとめ，経営者への結果説明のために作成し提出するものは何か。 | 監査証拠<br>システム監査報告書 |
| 485. | 企業が業務を適正に進めるための体制を構築し，運用する仕組みを何と呼ぶか。 | 内部統制 |
| 486. | 内部統制が有効に機能していることを継続的に評価することを何と呼ぶか。 | モニタリング |
| 487. | 内部統制を実施するうえで，業務プロセスに潜むリスクと統制活動（コントロール）の対応関係を整理･検討･評価するために作成され，リスクの内容や大きさ，リスクによって影響を受ける決算書の科目，対応するコントロールなどを表形式にまとめたものは何か。 | リスクコントロールマトリクス（RCM） |
| 488. | 企業に対する否定的な評判が広まることで，企業の信用やブランドが低下し，損失を被る危険度を何と呼ぶか。 | レピュテーションリスク |
| 489. | IT 化を進めるにあたり，企業戦略や情報システム戦略の実現に導く組織能力のことを何と呼ぶか。 | IT ガバナンス |

## コラム

IT ガバナンスとは別に，コーポレートガバナンス（企業統治）も注目されています。
コーポレートガバナンスとは，ステークホルダーによる企業への統制能力や監視能力を指す言葉であり，具体的には適切な情報開示の要求や社外取締役の設置などを通じて企業の不正や不祥事を防ぐことを指します。
このコーポレートガバナンスを実現するために IT を活用できる体制を確保すべきという観点から，IT ガバナンスはコーポレートガバナンスの要素であるともいえます。

# 第7章 基礎理論

## 7-1 基礎理論

**単語暗記** 次の説明文が表す用語を答えなさい。

| | | answer |
|---|---|---|
| 490. | コンピュータで情報を処理する最小単位であり，オンとオフを2進数で表現する1桁の値を何と呼ぶか。 | ビット(bit) |
| 491. | ビットを8桁まとめ，文字などの表現を可能にする一般的な単位を何というか。 | バイト(Byte) |
| 492. | 数値表現の基準であり，表現が繰り上がる所を指す数字を何と呼ぶか。 | 基数 |
| 493. | 2進数の10進数への変換など，n進数→m進数への変換を総称して何と呼ぶか。 | 基数変換 |
| 494. | 10進数の7を2進数で表現するとどうなるか。 | 111 |
| 495. | 負の数を表現する時に使われ，ある基準となる数から，求めたい数の正の数を引いたものを何と呼ぶか。 | 補数 |
| 496. | 命題と呼ばれるある条件に基づいてグループ化されたデータの集まりのことを何と呼ぶか。 | 集合 |
| 497. | 命題を図で表現することで，複数の集合の関係を表現する場合によく利用されるものは何か。 | ベン図 |

| | 問題 | 解答 |
|---|---|---|
| 498. | 命題の真偽を表す値を表形式で表し，複数の命題による集合を求めるものを何と呼ぶか。 | 真理値表 |
| 499. | 2つの命題がともに真のときにのみ真となる集合を論理演算上何と呼ぶか。 | 論理積 |
| 500. | 2つの命題がともに偽のときにのみ偽となる集合を論理演算上何と呼ぶか。 | 論理和 |
| 501. | ある事象が起こる度合いや現れる割合のことを何と呼ぶか。 | 確率 |
| 502. | 取り出された「ABC」と「BCA」の2つの情報に対して，順序が異なるので，別の情報であるという考え方を何と呼ぶか。 | 順列 |
| 503. | 取り出された「ABC」と「BCA」の2つの情報に対して，同じ情報であるという考え方を何と呼ぶか。 | 組合せ |
| 504. | 収集したデータから規則性や性質を調べ，数量的に表すことを何と呼ぶか。 | 統計 |
| 505. | 統計で扱われる代表的な値で，全体の合計をデータ数で割った値は何と呼ぶか。 | 平均値 |
| 506. | 統計で扱われる代表的な値で，全体のデータを昇順または降順で並べたときの中央の値は何と呼ぶか。 | 中央値（メジアン） |
| 507. | 統計で扱われる代表的な値で，全体のデータの中で最も出現頻度が多い値は何と呼ぶか。 | 最頻値（モード） |
| 508. | 統計で扱われる代表的な値で，全体のデータの中での最大の値または最小の値は何と呼ぶか。 | 最大値・最小値 |

| | | |
|---|---|---|
| 509. | 2項目間の相関関係を把握することができる，項目の大きさからデータを点でプロットしたものは何か。 | 散布図 |
| 510. | 対象となるデータの値をリスト化したもので，一般的に数値を基準に降順または昇順で並べ，その数値の個数を記述する表を何と呼ぶか。 | 度数分布表 |
| 511. | データのばらつきを把握するときに利用され，棒グラフを隙間なく詰めたようなグラフは何か。 | ヒストグラム |
| 512. | 大きな情報量を表す接頭語のうち，10の3乗を表すものは何か。 | キロ（K） |
| 513. | 大きな情報量を表す接頭語のうち，10の6乗を表すものは何か。 | メガ（M） |
| 514. | 大きな情報量を表す接頭語のうち，10の9乗を表すものは何か。 | ギガ（G） |
| 515. | 大きな情報量を表す接頭語のうち，10の12乗を表すものは何か。 | テラ（T） |
| 516. | 短い時間を表す接頭語のうち，1000分の1を表すものは何か。 | ミリ（m） |
| 517. | 短い時間を表す接頭語のうち，100万分の1を表すものは何か。 | マイクロ（μ） |
| 518. | 短い時間を表す接頭語のうち，10億分の1を表すものは何か。 | ナノ（n） |
| 519. | 短い時間を表す接頭語のうち，1兆分の1を表すものは何か。 | ピコ（p） |

| | |
|---|---|
| 520. アナログ情報をディジタルに変換することをディジタル化または何と呼ぶか。 | A/D 変換 |
| 521. アナログ信号の連続的な変化を時間の基準で観測し数値化することを何と呼ぶか。 | 標本化（サンプリング） |
| 522. 標本化によって得た電気信号を扱いやすい近似的なディジタルデータで表すことを何と呼ぶか。 | 量子化 |
| 523. コンピュータで扱うために，一定の規則に基づき，量子化した信号に0と1を割り当てることを何と呼ぶか。 | 符号化 |
| 524. 欧文文字と欧文記号の文字コードであり，7ビットで1文字を表現し，8ビット目をエラー確認用に使うものは何か。 | ASCII コード |
| 525. 拡張 UNIX コードの略で，主にLinuxなどでよく使われる文字コードは何か。 | EUC |
| 526. 英数字は1バイト，ひらがなや漢字は2バイトで表現する文字コードは何か。 | JIS コード |
| 527. すべての文字を2バイトで表現。情報量が多く，言語ごとのコードを用意せずに複数言語を表現可能な文字コードは何か。 | Unicode |

# 7-2 アルゴリズムとプログラミング

**単語暗記** 次の説明文が表す用語を答えなさい。 **answer**

| | 問題 | answer |
|---|---|---|
| 528. | データ構造の中で，プログラムで扱うデータを一時的に記憶する領域のことを何と呼ぶか。 | 変数 |
| 529. | データ構造の中で，格納するデータの種類のことを指し，データによって文字列，数値などの形式を定義するものを何と呼ぶか。 | フィールドのタイプ |
| 530. | データ構造の中で，データを1列に並べたものを何と呼ぶか。 | 配列 |
| 531. | 順序づけられたデータのことを何と呼ぶか。 | リスト |
| 532. | データ構造の中で，フィールドのタイプが異なるデータも扱え，データを1行に並べたものを何と呼ぶか。 | レコード |
| 533. | 記憶装置に記録された情報の集まりを何と呼ぶか。 | ファイル |
| 534. | データ構造のうち，1つの要素が複数の子要素を持ち，同様に子要素が複数の孫要素を持つような形で，階層が深くなるほど枝分かれしていく構造のことを何と呼ぶか。 | 木構造（ツリー構造） |
| 535. | データ構造の1つで，木構造のうち，要素が最大で2つの子を持つものを何と呼ぶか。 | 2分木（バイナリツリー） |

| | | |
|---|---|---|
| 536. | データの挿入や削除を行うときの基本的な考え方で，最後に入力したデータが先に出力されるという特徴をもつ考え方を何と呼ぶか。 | スタック |
| 537. | データの挿入や削除を行うときの基本的な考え方で，先に入力したデータが先に出力されるという特徴をもつ考え方を何と呼ぶか。 | キュー（待ち行列） |
| 538. | コンピュータにおける処理手順を総称して何と呼ぶか。 | アルゴリズム |
| 539. | 処理手順が複数ある場合に，アルゴリズムを図式化し手順を明確にするために利用する図を何と呼ぶか。 | 流れ図（フローチャート） |
| 540. | アルゴリズム基本構造のうち，順番に連続して処理が進む構造を何と呼ぶか。 | 順次構造 |
| 541. | アルゴリズム基本構造のうち，条件により分岐する構造を何と呼ぶか。 | 選択構造 |
| 542. | アルゴリズム基本構造のうち，条件によって同じ処理を反復する構造を何と呼ぶか。 | 繰り返し構造 |
| 543. | 繰り返し構造のうち，予め条件の判断をしてから処理を行う構造を何と呼ぶか。 | 前判定型（While-do 型） |
| 544. | 繰り返し構造のうち，処理結果を条件に照らし合わせる構造を何と呼ぶか。 | 後判定型（Do-while 型） |
| 545. | 最も基本的なアルゴリズムで，足し算をするアルゴリズムを何と呼ぶか。 | 合計 |
| 546. | 条件に合うデータを見つけるアルゴリズムを何と呼ぶか。 | 探索（検索・サーチ） |

| | 問題 | 解答 |
|---|---|---|
| 547. | 探索のうち，条件に合うデータが見つかるまで，先頭のデータから順に照合する手法を何と呼ぶか。 | 線形探索法（リニアサーチ） |
| 548. | 探索のうち，データの集合の中央にあるデータから前にあるか後ろにあるかを判断し，データを半分に絞り込む作業を繰り返す手法を何と呼ぶか。 | 二分探索法（バイナリサーチ） |
| 549. | 複数のファイルやデータ，プログラムなどを1つに統合するアルゴリズムを何と呼ぶか。 | 併合（マージ） |
| 550. | データを昇順（小さい方から）か降順（大きい方から）に並べ替えるアルゴリズムを何と呼ぶか。 | 整列（ソート） |
| 551. | 整列のうち，隣同士の数値を比較し入れ替えを繰り返す，最も基本的な手法を何と呼ぶか。 | バブルソート |
| 552. | 開発時にアルゴリズムを記述するための言語を総称して何と呼ぶか。 | プログラム言語 |
| 553. | プログラム言語をコンピュータが理解できる機械語に翻訳するためのプログラムを何と呼ぶか。 | 言語プロセッサ |
| 554. | 人間が書いたソースコードと機械語のオブジェクトコードが1対1で対応しているプログラム言語を何と呼ぶか。 | アセンブリ言語 |
| 555. | ソースコードは先に変換され，実行時にはオブジェクトコードを直接実行できるため，実行速度が速いのが特徴のプログラム言語を何と呼ぶか。 | コンパイラ言語 |
| 556. | オブジェクト指向に対応し，インターネット技術やシステム開発など多くの場所で利用され，注目度の高いコンパイラ言語は何か。 | Java |

| | | |
|---|---|---|
| 557. | ソースコードを読み込んで，直ちに1行ずつ機械語に翻訳して実行するプログラム言語は何か。 | インタプリタ言語 |
| 558. | インタプリタ言語の代表的な言語で，アプリケーションのインタフェース開発に適したVisual Basicなどの派生言語もあるプログラム言語は何か。 | BASIC |
| 559. | テキストファイルで文書構造や文字の色などのデザインを表現するための言語を総称して何と呼ぶか。 | マークアップ言語 |
| 560. | マークアップ言語において，文書を挟むことで，その間にある文書に特別な構造定義やデザイン指定をすることができるマークを何と呼ぶか。 | タグ |
| 561. | 文書の電子化のために開発され，現在利用されている様々なマークアップ言語のベースになっている言語は何か。 | SGML |
| 562. | WWW（World Wide Web）上の文書やWebページの構造を定義し，Webブラウザなどのソフトウェア上で表現するために利用される言語は何か。 | HTML |
| 563. | これまでのバージョンに比べてマルチメディア対応が強化され，画像や動画の描画や埋め込みが容易に実現できるHTMLの最新版は何か。 | HTML5 |
| 564. | HTMLを拡張したもので，独自にタグを定義することができるのが特徴の言語は何か。 | XML |
| 565. | HTMLとXMLの整合性を取り，多くのWebブラウザ上で利用でき，かつXMLに準拠した文書を作成することができる言語は何か。 | XHTML |

# コンピュータ システム

## 8-1 コンピュータ構成要素

**単語暗記** 次の説明文が表す用語を答えなさい。

| | | answer |
|---|---|---|
| **566.** | コンピュータの5大装置のうち，制御装置と演算装置を兼ねるものは何か。 | CPU（中央演算処理装置） |
| **567.** | CPUに搭載されている，電子回路の集合体を何と呼ぶか。 | チップ |
| **568.** | CPUに搭載され，他の機器とのデータ転送に利用されるものは何か。 | バス |
| **569.** | CPUの性能を決める要素の1つで，1秒間あたりの周期を繰り返す回数を表すものを何と呼ぶか。 | クロック周波数 |
| **570.** | クロック周波数の単位は何か。 | ヘルツ（Hz） |
| **571.** | CPUの性能を決める要素の1つで，データの転送速度を表すものを何と呼ぶか。 | バス幅 |
| **572.** | PCなどで画像処理（特に3Dグラフィックスの表示）に必要な計算処理を行う半導体チップは何か。 | GPU |
| **573.** | コンピュータの5大装置の記憶装置を総称して何と呼ぶか。 | メモリ |

| |  |  |
|---|---|---|
| 574. | メモリのうち，高速にデータにアクセスできるが，電源供給を断つとデータが失われる特徴があるものを何と呼ぶか。 | RAM |
| 575. | メモリの電源供給を断つとデータが失われる特徴を何と呼ぶか。 | 揮発性(きはつせい) |
| 576. | CPU と連携してデータのやり取りを行うために利用されるメモリを何と呼ぶか。 | 主記憶装置（メインメモリ） |
| 577. | 低速であるものの，容量が大きい特徴から，主記憶装置として利用されるメモリを何と呼ぶか。 | DRAM |
| 578. | メモリのうち，容量が小さく高速なものを何と呼ぶか。 | SRAM |
| 579. | CPU の待ち時間を減らし処理能力を発揮させるため，事前にデータを移しておく SRAM を何と呼ぶか。 | キャッシュメモリ |
| 580. | 電源供給を断ってもデータが失われない特徴を持つため，データの読み出しや書き込みに利用されるメモリを何と呼ぶか。 | ROM |
| 581. | ROM のうち，読み出し専用で記録内容を書き換えることができないものは何か。 | マスク ROM |
| 582. | ROM のうち，一度だけ利用者がデータを書き込めるものは何か。 | PROM |
| 583. | ROM のうち，複数回データを書き込めるものは何か。 | EPROM |
| 584. | ROM のうち，電気操作で複数回データ書き換えができるものは何か。 | EEPROM |

| 問題 | 解答 |
|---|---|
| **585.** 補助記憶装置の代表的なもので，磁性体を塗布した円盤に，磁気によって記録を行う，近年大容量化が著しいものは何か。 | ハードディスク（HDD） |
| **586.** EEPROMの補助記憶装置の1つで，大容量化が進み，ハードディスクと同様に利用できるようになり，高速・静音・低発熱などの特徴から普及が進んでいるものは何か。 | SSD |
| **587.** レーザー光の照射でデータを読み書きするディスクであり，640MB～700MB程度の容量のものは何か。 | CD |
| **588.** CDのうち，予めデータが書き込まれ，ユーザーは書き込みできないものは何か。 | CD-ROM |
| **589.** CDのうち，データの書き込みが1度可能なものは何か。 | CD-R |
| **590.** CDのうち，データの書き込みが複数回可能なものは何か。 | CD-RW |
| **591.** レーザー光の照射によってデータを読み書きするディスクで，片面一層型は4.7GB，片面二層型は8.54GBの容量があるものは何か。 | DVD |
| **592.** DVDのうち，予めデータが書き込まれ，ユーザーは書き込みできないものは何か。 | DVD-ROM |
| **593.** DVDのうち，データの書き込みが1度可能なものは何か。 | DVD-R |
| **594.** DVDのうち，データの書き込みが複数回可能なものは何か。 | DVD-RW |

| | |
|---|---|
| **595.** DVDのうち，FDのようなディスクへの保存が可能なものは何か。 | DVD-RAM |
| **596.** データ容量が片面1層で7.5GB，片面2層式で15GBと非常に大きい次世代光ディスク規格は何か。 | Blu-ray Disc |
| **597.** EEPROMの代表的な記録媒体は何か。 | フラッシュメモリ |
| **598.** フラッシュメモリのうち，コンピュータのUSBポートに差し込んで利用するものは何か。 | USBメモリ |
| **599.** HDDの内部にある1～数枚の円盤（ディスク）を何と呼ぶか。 | プラッタ |
| **600.** プラッタを同心円状に分割した部分を何と呼ぶか。 | トラック |
| **601.** トラックをさらに放射状に等分した，データ保存の最小単位となる部分を何と呼ぶか。 | セクタ |
| **602.** HDD内を動き，プラッタに情報を読み書きするものは何か。 | 磁気ヘッド |
| **603.** HDDの性能を表す要素で，情報を保存したセクタまで，磁気ヘッドが移動するためにかかる時間を何と呼ぶか。 | シークタイム |
| **604.** HDDを複数組み合わせることで，システムとしての性能と信頼性の向上を図る仕組みは何か。 | RAID |
| **605.** RAIDのうち，複数台のHDDにデータを交互に保存することで，読み書きの高速化を図るものは何か。 | RAID-0・ストライピング |
| **606.** RAIDのうち，複数台のHDDに同じデータを保存することで，信頼性の向上を図るものは何か。 | RAID-1・ミラーリング |

| | |
|---|---|
| **607.** 記憶装置のアクセス速度と記憶容量によって生じる，様々な記憶装置の位置づけを表すピラミッド型の階層図のことを何と呼ぶか。 | 記憶階層 |
| **608.** 記憶階層のうち，最もCPUに近くアクセス時間が早い領域を何と呼ぶか。 | レジスタ |
| **609.** 1本の信号線で1ビットずつデータを転送する方式の入出力インタフェースを総称して何と呼ぶか。 | シリアルインタフェース |
| **610.** 複数の信号線で複数ビットのデータを同時転送する方式の入出力インタフェースを総称して何と呼ぶか。 | パラレルインタフェース |
| **611.** 現在最も普及しているバージョン2.0での接続速度が480Mbps，最新のバージョン3.0では5Gbpsの速度を実現したシリアルインタフェースは何か。 | USB |
| **612.** USBはハブと呼ばれる中継機器で最大何台まで接続できるか。 | 127 |
| **613.** シリアルインタフェースのうち，Apple社のFireWireという規格を元に策定された規格は何か。 | IEEE1394 |
| **614.** IEEE1394はハブと呼ばれる中継機器で最大何台まで接続できるか。 | 63 |
| **615.** 映像だけでなく音声も伝送することができる入出力インタフェースで，著作権保護機能を含むものがほとんどで，不正コピー防止などにも役立てられている規格は何か。 | HDMI |
| **616.** アナログ信号により映像信号を出力する方式で，ディスプレイとの接続で利用される入出力インタフェースの規格は何か。 | アナログRGB |

| | |
|---|---|
| **617.** HDMI が登場する以前から利用されているデジタル信号によって映像を伝送することができる入出力インタフェースで，主にディスプレイとの接続で利用される規格は何か。 | DVI |
| **618.** パラレルインタフェースのうち，主にノートパソコンで利用する小型カード型の規格は何か。 | PCMCIA |
| **619.** パラレルインタフェースのうち，接続機器同士をデイジーチェーン方式で並列接続できるという特徴を持っている規格は何か。 | SCSI（スカジー） |
| **620.** SCSI の接続の終端コネクタに設置する必要がある終端装置は何か。 | ターミネータ |
| **621.** データ伝送に信号線を使わず，赤外線や電波で機器を接続する方式の入出力インタフェースを総称して何と呼ぶか。 | ワイヤレスインタフェース |
| **622.** ワイヤレスインタフェースのうち，携帯電話などのモバイル端末に多く搭載される赤外線方式の規格は何か。 | IrDA |
| **623.** ワイヤレスインタフェースのうち，2.4GHz 帯の電波を用いる規格は何か。 | Bluetooth |
| **624.** ワイヤレスインタフェースのうち，特に IC カードやスマートフォンなどでの電子決済や機器間の近距離データ通信に利用される規格は何か。 | NFC |
| **625.** 対象の情報を収集する装置の事で，ロボットや IoT 機器に搭載することで，部品や機器間で情報を伝送し，自動的な動作につなげるものは何か。 | センサ |

|  |  |
| --- | --- |
| **626.** 様々なエネルギーを機械的な動きに変換し，機器を動作させるための駆動装置を総称して何と呼ぶか。 | アクチュエータ |
| **627.** コンピュータの電源を入れたまま，周辺機器の接続ができる技術を何と呼ぶか。 | ホットプラグ |
| **628.** 通電時に内蔵機器を接続することを何と呼ぶか。 | ホットスワップ |

# 8-2 システム構成要素

**単語暗記** 次の説明文が表す用語を答えなさい。 **answer**

| | 問題 | answer |
|---|---|---|
| 629. | システムの処理形態の1つで，システムの中心にあるコンピュータにすべての処理をさせる方法を何と呼ぶか。 | 集中処理 |
| 630. | 集中処理のシステムの中心にあるコンピュータを何と呼ぶか。 | ホストコンピュータ |
| 631. | システムの処理形態の1つで，ネットワーク上の複数のコンピュータによって処理を分散して行う処理方法を何と呼ぶか。 | 分散処理 |
| 632. | システムの処理形態の1つで，接続した複数のコンピュータによって1つの処理を行う処理方法を何と呼ぶか。 | 並列処理 |
| 633. | コンピュータを構成する様々な要素（CPU・メモリ・HDDなど）を柔軟に分化したり統合したりすることで，用途に合った効率的な運用を可能にする技術を何と呼ぶか。 | 仮想化 |
| 634. | 同じ構成の2つのシステムで同じ処理を行うシステム構成は何か。 | デュアルシステム |
| 635. | 同じ構成の2つのシステムを用意し，1つを稼働用（主系），もう1つを待機用（従系）とするシステム構成は何か。 | デュプレックスシステム |

|  |  |
|---|---|
| 636. ハードディスクなどの記録媒体で，複数のセクタをまとめたものを何と呼ぶか。 | クラスタ |
| 637. システムの中心にあるコンピュータでソフトウェアやファイルなどを管理し，ユーザーのコンピュータからそれらを操作するシステム構成は何か。 | シンクライアント |
| 638. シンクライアントのシステムの中心にあるコンピュータを何と呼ぶか。 | サーバ |
| 639. シンクライアントのユーザーのコンピュータを何と呼ぶか。 | クライアント |
| 640. ディスプレイ上に表示されるコンピュータからの要求に返答する形でユーザーが操作を行う利用形態を何と呼ぶか。 | 対話型処理 |
| 641. データが入力された時点で即時に処理を行う利用形態を何と呼ぶか。 | リアルタイム処理 |
| 642. 決められた期間やタイミングで蓄積したデータの一括処理をする利用形態を何と呼ぶか。 | バッチ処理 |
| 643. クライアント側のコンピュータと，処理の中心的な役割を担うサーバが，互いに処理を分担しながら連携して動作するシステムを何と呼ぶか。 | クライアントサーバシステム |
| 644. クライアントサーバシステムのうち，クライアントが共有して利用するファイルを保存するサーバは何か。 | ファイルサーバ |
| 645. クライアントサーバシステムのうち，プリンタをクライアントが共有して利用するために設置されるサーバは何か。 | プリンタサーバ |

| | | |
|---|---|---|
| 646. | クライアントサーバシステムのうち，クライアントが共有して利用するためのデータベースを持つサーバは何か。 | データベースサーバ |
| 647. | 通常のファイルサーバに比べ機能が限定されており，同じネットワークに参加しているコンピュータからは，直接ハードディスクが接続されているように見えるファイルサーバを何と呼ぶか。 | NAS |
| 648. | サーバにある情報やアプリケーションをWeb閲覧ソフトから実行するシステムを何と呼ぶか。 | Webシステム |
| 649. | 1台のコンピュータが集中的に処理を行い，他のコンピュータは処理結果を表示するのみという構成のシステムを何と呼ぶか。 | ホスト型システム |
| 650. | 接続されたコンピュータが，対等に処理を分担するシステムを何と呼ぶか。 | ピアツーピア型システム |
| 651. | システムの性能を示す指標で，システムの処理を行ったときに最初の反応が返ってくるまでの時間を何と呼ぶか。 | レスポンスタイム |
| 652. | システムの性能を示す指標で，システムの処理を行ったときにすべての処理を終えて，その結果が返ってくるまでの時間を何と呼ぶか。 | ターンアラウンドタイム |
| 653. | 特定のソフトウェアを実行し，レスポンスタイムやCPUの稼働率やメモリの速度，ハードディスクの読み書き速度などを総合的に評価することを何と呼ぶか。 | ベンチマーク |

| | 問題 | 解答 |
|---|---|---|
| 654. | システムの信頼性を示す指標で，システムが稼働する時間と停止してしまう時間との比率を何と呼ぶか。 | 稼働率 |
| 655. | システムの信頼性を示す指標の１つで，システムの特定の稼働期間中に故障が発生する確率を何と呼ぶか。 | 故障率 |
| 656. | 稼働率の基準となるシステム稼働期間における故障が発生するまでの間隔の平均を何と呼ぶか。 | MTBF（平均故障間隔） |
| 657. | 稼働率の基準となる故障発生時からシステムが復旧するまでにかかる時間の平均を何と呼ぶか。 | MTTR（平均修復時間） |
| 658. | システムに障害が発生した場合，継続稼働よりも安全性を優先して制御する設計手法は何か。 | フェールセーフ |
| 659. | システムを多重化することで，障害発生時にもシステム稼働を維持できるようにする設計手法は何か。 | フォールトトレランス |
| 660. | システムの利用者が誤操作をしても危険に晒されることがないように安全対策を施しておく設計手法は何か。 | フールプルーフ |
| 661. | システム導入時にかかるコストを何と呼ぶか。 | 初期コスト |
| 662. | システム稼働後にかかるコストを何と呼ぶか。 | 運用コスト |
| 663. | 初期コストと運用コストに加え，電気代，ハードウェアや消耗品の購入費なども含めたすべてのコストを何と呼ぶか。 | TCO |

# 8-3 ソフトウェア

**単語暗記** 次の説明文が表す用語を答えなさい。 answer

| 問題 | answer |
|---|---|
| 664. ハードウェアやソフトウェアなど，コンピュータが持つ資源を効率的に提供するための制御機能，管理機能をもっている基本ソフトウェアは何か。 | OS（オペレーティングシステム） |
| 665. OSによるメモリ管理方式の1つで，主にメモリが不足した場合にHDDなどの補助記憶装置の一部をメインメモリのように利用できるようにすることを何と呼ぶか。 | 仮想記憶 |
| 666. OSで利用者に割り当てられるユーザーIDとパスワードを何と呼ぶか。 | アカウント |
| 667. アカウントごとに設定される個人情報を何と呼ぶか。 | プロファイル |
| 668. Microsoft社によって開発され，実行できる処理が1つだけのシングルタスク方式のOSは何か。 | MS-DOS |
| 669. Microsoft社によって開発され，同時に複数の処理を行うことができ，視覚的な操作が可能なOSは何か。 | Windows |
| 670. OSが同時に複数の処理を行うことを何と呼ぶか。 | マルチタスク |
| 671. OSの視覚的な操作を可能にする，アイコンなどの視覚的な表現を利用して命令や処理を実行することができるインタフェースを何と呼ぶか。 | GUI |
| 672. GUIに対し，命令文や処理結果を文字で表示するものを何と呼ぶか。 | CUI |

| | 問題 | 解答 |
|---|---|---|
| 673. | OSのうち，Apple社が開発し，パーソナルコンピュータMackintoshに搭載されるものは何か。 | Mac-OS |
| 674. | AT&Tベル研究所が開発し，主にワークステーションと呼ばれる高性能なコンピュータなどで利用されるOSは何か。 | UNIX |
| 675. | UNIXと互換があり，ソフトウェアを組み込むことで，GUIで動作する特徴を持つOSは何か。 | Linux |
| 676. | Linuxに様々なソフトウェアや機能を組み込んだ派生版を何と呼ぶか。 | ディストリビューション |
| 677. | Apple社が開発し，Apple社のスマートフォンのiPhoneやタブレットPCのiPadに搭載されるGUIのOSは何か。 | iOS |
| 678. | Google社が開発し，様々なメーカーのスマートフォンやタブレットPCに搭載されるGUIのOSは何か。 | Android |
| 679. | OSやソフトウェアそのもののプログラムやアプリケーションソフトウェアで利用するデータを，ファイルとして保存する場所を何と呼ぶか。 | ディレクトリ |
| 680. | すべてのディレクトリの最上位に位置するものを何と呼ぶか。 | ルートディレクトリ |
| 681. | ある時点でアクセスしているディレクトリのことを何と呼ぶか。 | カレントディレクトリ |
| 682. | アカウントごとに設定できる，保存してあるファイルを利用できる権利を何と呼ぶか。 | アクセス権 |

| | 問題 | 解答 |
|---|---|---|
| 683. | ルートディレクトリから目的のディレクトリに至るまでのアクセス経路を示したものを何と呼ぶか。 | 絶対パス |
| 684. | カレントディレクトリから目的のディレクトリに至るまでのアクセス経路を示したものを何と呼ぶか。 | 相対パス |
| 685. | ファイル名の末尾に付けることで，ファイルの種類を識別するための文字列を何と呼ぶか。 | ファイル拡張子 |
| 686. | データへのアクセス時間の遅延などにつながる，データが飛び飛びのセクタに保存されている状態を何と呼ぶか。 | フラグメンテーション |
| 687. | 故障によるファイルの破損や，誤操作によるファイルの削除などの事態に備えて，予めファイルの複製を保存しておくことを何と呼ぶか。 | バックアップ |
| 688. | バックアップのファイルそのものが破損している可能性を考慮して，対象を複数のタイミングで保存することを何と呼ぶか。 | 世代管理 |
| 689. | ワープロソフト，表計算ソフト，プレゼンテーションソフトなどビジネスで日常的に利用するソフトウェアを総称して何と呼ぶか。 | オフィスソフトウェア |
| 690. | 画像編集，音声編集，動画編集ソフトを総称して何と呼ぶか。 | マルチメディアオーサリングツール |
| 691. | オフィスソフトウェアのうち，文書作成と印刷のために利用され，文字の装飾，図表の埋込みなども可能なものは何か。 | ワープロソフト |
| 692. | コピー，切り取りをした文字列や図表などを一時的に保存する領域を何と呼ぶか。 | クリップボード |

| | 問題 | 解答 |
|---|---|---|
| 693. | オフィスソフトウェアのうち，数値データの集計や分析などを行うためのものは何か。 | 表計算ソフト |
| 694. | 表計算ソフトへのデータ入力の最小単位となるマス目を何と呼ぶか。 | セル |
| 695. | 表計算ソフトに予め用意されている組込みの数式を何と呼ぶか。 | 関数 |
| 696. | オフィスソフトウェアのうち，スライド形式の資料を作成，発表時の資料提示に利用できるものは何か。 | プレゼンテーションソフト |
| 697. | インターネット上のWebサイトを閲覧するためのアプリケーションソフトウェアは何か。 | WWWブラウザ（Webブラウザ） |
| 698. | 情報検索時に，複数のキーワードすべてを含んだ検索を行うことを何と呼ぶか。 | AND検索 |
| 699. | 情報検索時に，複数のキーワードのいずれかを含んだ検索を行うことを何と呼ぶか。 | OR検索 |
| 700. | 情報検索時に，複数のキーワードのうちいずれかを含み，かつ，残りのキーワードは含まない情報を検索することを何と呼ぶか。 | NOT検索 |
| 701. | オフィスソフトウェアなどをインターネット上で提供し，ユーザーはWWWブラウザを介して利用できる技術を何と呼ぶか。 | クラウド |
| 702. | ソフトウェアのプログラム文を無償で公開し，改良や再配布を制限しない，無保証のソフトウェアを何と呼ぶか。 | オープンソースソフトウェア |
| 703. | オープンソースソフトウェアのソフトウェアのプログラム文を何と呼ぶか。 | ソースコード |

| | |
|---|---|
| **704.** オープンソースソフトウェアの代表的なライセンスで，フリーソフトウェア財団のGNUプロジェクトによって作成された2つのライセンスは何か。 | GPL，LGPL |
| **705.** オープンソースソフトウェアのうち，ワープロ，表計算，プレゼンテーション，データベース，描画など多数のソフトウェアが含まれている代表的なオフィスソフトウェアは何か。 | OpenOffice.org |
| **706.** オープンソースソフトウェアのうち，非営利公益法人Mozillaが開発した，WWWブラウザは何か。 | Firefox |
| **707.** オープンソースソフトウェアのうち,Apacheソフトウェア財団が作成したWebサーバソフトウェアは何か。 | Apache HTTP Server |
| **708.** オープンソースソフトウェアのうち，オラクルが提供するデータベース構築・管理ソフトウェアは何か。 | MySQL |
| **709.** オープンソースソフトウェアのうち，ブログ（日記）システムとして世界中で利用されているものは何か。 | Wordpress |

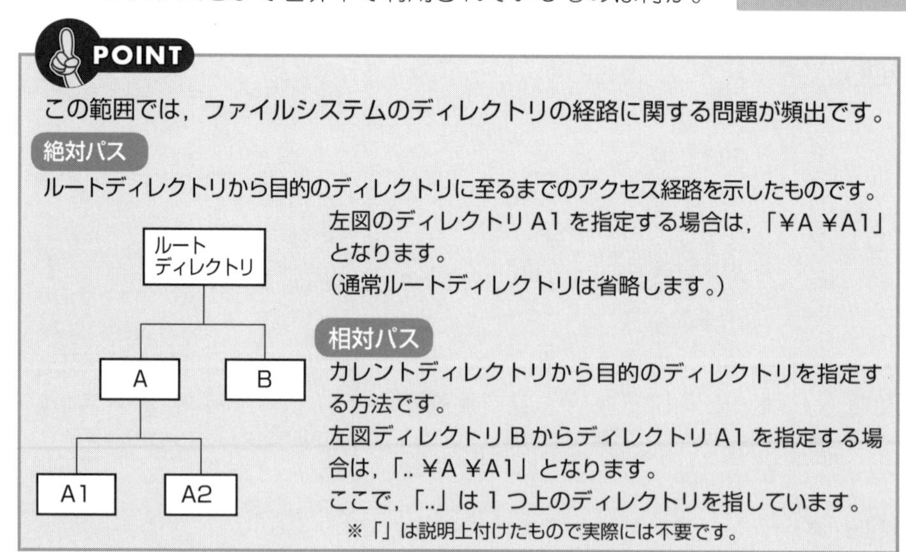

# 8-4 ハードウェア

**単語暗記** 次の説明文が表す用語を答えなさい。　**answer**

| 問題 | answer |
|---|---|
| **710.** 個人向けの安価なコンピュータを総称して何と呼ぶか。 | PC（パーソナルコンピュータ） |
| **711.** PCのうち，机に据え置きの状態で利用し，本体とモニタやキーボードは外部接続の形式をとるものを何と呼ぶか。 | デスクトップPC |
| **712.** PCのうち，本体，キーボード，モニタが1つになっていて，一般的にモニタと本体・キーボードで半分に折りたたむことができるものを何と呼ぶか。 | ノートブックPC |
| **713.** ユーザーへのサービスを提供するシステムを導入し，実行するコンピュータを何と呼ぶか。 | サーバ |
| **714.** サーバに接続し，ユーザーが要求を入力するコンピュータを何と呼ぶか。 | クライアント |
| **715.** 科学技術計算や商用計算など，一度に大量のデータを扱えるコンピュータを何と呼ぶか。 | 汎用コンピュータ（メインフレーム） |
| **716.** 小型で持ち運びができ，OSなどコンピュータの機能を内蔵したものを何と呼ぶか。 | PDA（携帯情報端末） |
| **717.** PDAのうち，携帯電話にコンピュータ機能を含んだものを何と呼ぶか。 | スマートフォン |
| **718.** 腕時計型やメガネ型など体に身に付ける形状のモバイル端末を何と呼ぶか。 | ウェアラブル端末 |

| | 問題 | 解答 |
|---|---|---|
| 719. | タッチパネルをディスプレイとして備えた板状のオールインワン型コンピュータを何と呼ぶか。 | タブレット端末 |
| 720. | あらゆる用途に使用可能な多機能端末の総称を何と呼ぶか。 | スマートデバイス |
| 721. | キーを押すことで，割り当てられた文字や機能がコンピュータに入力される入力装置は何か。 | キーボード |
| 722. | 手で握った状態で動かすことでカーソルを動かし，ボタンを押すことでカーソルが動いた先のアイコンを指定，実行する入力装置は何か。 | マウス |
| 723. | 板状の筐体(きょうたい)の上で，付属の特殊ペンを動かすことで，カーソルやソフトウェアの動作を行う入力装置は何か。 | タブレット |
| 724. | ガラス板の上にディジタル化する対象を置き，光をつかって対象を画像として読み込み，コンピュータに送る入力装置は何か。 | イメージスキャナ |
| 725. | イメージスキャンで読み込んだ画像から，テキスト情報を読み込んで，コンピュータ上で編集可能なテキスト情報に変換する機能を何と呼ぶか。 | OCR |
| 726. | ユーザーが直接モニタを指や特殊なペンで触り，コンピュータの操作を行う入力装置は何か。 | タッチパネル |
| 727. | JAN コードなどのバーコードから情報を読み取ってコンピュータに送る入力装置は何か。 | バーコードリーダ |
| 728. | PC と接続，あるいは PC に内蔵された小型のビデオカメラを何と呼ぶか。 | Web カメラ |

| 問題 | 解答 |
|---|---|
| **729.** 1台のコンピュータにディスプレイを2台繋いで作業領域を広くすることを何と呼ぶか。 | デュアルディスプレイ |
| **730.** ブラウン管方式のディスプレイを何と呼ぶか。 | CRTディスプレイ |
| **731.** ディスプレイに表示する情報の最小単位で，色情報や明るさなどを表現するものを何と呼ぶか。 | 画素 |
| **732.** 表示面積に対する画素の数を何と呼ぶか。 | 画素数 |
| **733.** 密度が高いほど精密な表現が可能になる単位面積あたりの画素の密度を何と呼ぶか。 | 画面解像度 |
| **734.** 一般的な画面解像度のうち，縦横が640×480のサイズをアルファベット3字で何と呼ぶか。 | VGA |
| **735.** 一般的な画面解像度のうち，縦横が1024×768のサイズをアルファベット3字で何と呼ぶか。 | XGA |
| **736.** 画面解像度のうち，おおよその画素数が横4000×縦2000となっているものを何と呼ぶか。 | 4K |
| **737.** 出力装置の1つで，画像や映像を大型スクリーンなどに投影することにより表示するものは何か。 | プロジェクタ |
| **738.** 比較的安価なため，家庭用として最も普及している，非常に小さなノズルからインクを噴射し，紙に着色する方式のプリンタは何か。 | インクジェットプリンタ |
| **739.** 感光ドラムにレーザー光線をあてて発生する静電気でトナーとよばれる色の粉を吸着させて印刷する方式のプリンタは何か。 | レーザープリンタ |

| | | |
|---|---|---|
| **740.** | ピンでカーボンを塗布したインクリボンを叩き，たくさんの点の集合を使って印刷するプリンタは何か。 | ドットインパクトプリンタ |
| **741.** | 熱を利用した印刷方式をとるプリンタで，感熱紙に印刷を行う感熱式プリンタと，インクリボンを利用する熱転写プリンタを総称して何と呼ぶか。 | サーマルプリンタ |
| **742.** | 3DCG データをもとに，箱状のプリンタ内で粉末を積み上げるように立体的な物体を印刷することができるプリンタは何か。 | 3D プリンタ |

# 技術要素

## 9-1 ヒューマンインタフェース

**単語暗記** 次の説明文が表す用語を答えなさい。

| | 問題 | answer |
|---|---|---|
| 743. | ユーザーがコンピュータを操作する環境のことで，人とコンピュータやシステムの接点となるインタフェースのことを何と呼ぶか。 | ヒューマンインタフェース |
| 744. | GUI の代表的な要素であり，カーソルで指定することで特定の動作を実行するものは何か。 | アイコン |
| 745. | GUI の多くのウィンドウに用意される各機能を分類し一覧表示する要素を何と呼ぶか。 | メニューバー |
| 746. | 選択対象が多い場合や補足が必要な場合などに用いられる選択項目を垂れ下がる形で一覧表示するメニューを何と呼ぶか。 | プルダウンメニュー |
| 747. | 情報や選択肢を別ウィンドウに表示するメニューを何と呼ぶか。 | ポップアップメニュー |
| 748. | 択一式の選択ボタンで，選択肢の少ない場合や，選択肢の文字列が長い場合に利用されるものは何か。 | ラジオボタン |
| 749. | 択一式の選択ボタンで，選択肢の数が多い場合に利用されるものは何か。 | リストボックス |

|  |  |  |
|---|---|---|
| 750. | 複数選択のボタンで，選択肢の前にチェックを入れる領域を持つものは何か。 | チェックボックス |
| 751. | 多数の画像を一覧表示するための縮小画像を何と呼ぶか。 | サムネイル |
| 752. | ユーザーによるデータ入力に関するインタフェース設計を何と呼ぶか。 | 画面設計 |
| 753. | 画面設計で利用する画面の順序や画面の関連性を示した図は何か。 | 画面遷移図（せんいず） |
| 754. | 画面設計で利用する画面の階層構造を示した図は何か。 | 画面階層図（かいそうず） |
| 755. | 帳簿や伝票など取引の処理に関するインタフェース設計を何と呼ぶか。 | 帳票設計 |
| 756. | 帳票設計の設計のうち，帳票の上端と下端に位置する共通の情報をそれぞれ何と呼ぶか。 | ヘッダ，フッタ |
| 757. | Web サイト全体の色調やレイアウト，画像，文章などを総合的にデザインすることを何と呼ぶか。 | Web デザイン |
| 758. | Web デザインにおいて，HTML などと組み合わせ，複数のページにわたるメニューやレイアウトなどを一括で管理・編集することができる技術は何か。 | CSS（カスケーディングスタイルシート） |
| 759. | 目的の機能へのアクセスしやすさなど，ソフトウェアや Web サイトの使いやすさのことを何と呼ぶか。 | ユーザビリティ |
| 760. | 年齢や文化，障害の有無などにかかわらず，できる限り多くの人が快適に利用できることを目指すデザインの考え方を何と呼ぶか。 | ユニバーサルデザイン |

| 761. 利用環境や年齢，障害の有無などの身体的制約に関係なく，すべての人がWebサイトにアクセスし，提供されているコンテンツや機能を利用できることを指す言葉は何か。 | **Webアクセシビリティ** |
|---|---|

PCの多様化とともにディスプレイの解像度も多様化が進んでいます。
以前は，4：3の縦横比が主流でしたが，最近は16：9などのワイド画面と呼ばれるものが増えてきています。ちなみに，テレビの規格でよく耳にするHDTVは1280 × 720，フルHDは，1920 × 1080という解像度になります。

その他の一般的な解像度は以下の通りです。

主な画面解像度

| 名　称 | サイズ | 総画素数 |
|---|---|---|
| VGA | 640×480 | 307,200 |
| SVGA(Super-VGA) | 800×600 | 480,000 |
| XGA | 1024×768 | 786,432 |
| WXGA (Wide XGA) | 1280×768など | 983,040 |
| SXGA(Super-XGA) | 1280×1024 | 1,310,720 |
| UXGA (Ultra-XGA) | 1600×1200 | 1,920,000 |
| WUXGA (Wide Ultra-XGA) | 1920×1200 | 2,304,000 |
| QXGA (Quad-XGA) | 2048×1536 | 3,145,728 |

# 9-2 マルチメディア

**単語暗記** 次の説明文が表す用語を答えなさい。 **answer**

| | 問題 | answer |
|---|---|---|
| 762. | 文字情報，静止画像，動画，音声といった複数の種類の情報を統合的に扱うメディアを何と呼ぶか。 | マルチメディア |
| 763. | ハイパーテキストと呼ばれる文字情報を主体に画像や音声などを含めたマルチメディアを拡張した概念を何と呼ぶか。 | ハイパーメディア |
| 764. | 透過表現や簡易アニメーションも可能な 256 色の表現の静止画像のファイル形式は何か。 | GIF |
| 765. | GIF の拡張版で，24 ビットカラー（約 1677 万色）の表現が可能な静止画像のファイル形式は何か。 | PNG |
| 766. | 写真などによく利用される 24 ビットカラーの表現が可能な静止画像のファイル形式は何か。 | JPEG |
| 767. | DVD-Video など幅広く利用されている動画のファイル形式は何か。 | MPEG-2 |
| 768. | MPEG-2 より圧縮率が高く，携帯情報端末やインターネットなどで利用される動画ファイル形式は何か。 | MPEG-4 |
| 769. | 非常に普及率の高いプレイヤーを利用する，米 Adobe 社が規定する動画ファイル形式は何か。 | FLV |
| 770. | 多くの携帯音楽プレイヤーで利用されている圧縮率の高い音声ファイル形式は何か。 | MP3 |

|  |  |  |
|---|---|---|
| **771.** | 電子楽器で利用する，音程，音色，強弱や拍，小節などの情報を含む楽譜にあたるファイルは何か。 | MIDI |
| **772.** | 無料の専用リーダーを利用することでレイアウトやフォントなどの再現性を高めた電子文書フォーマットは何か。 | PDF |
| **773.** | 動画を構成する 1 枚 1 枚の静止画を何と呼ぶか。 | フレーム |
| **774.** | 動画の滑らかさを決定する単位時間あたりの 524 の数を何と呼ぶか。 | フレームレート |
| **775.** | 動画の精細さを決定する単位時間あたりの情報量を何と呼ぶか。 | ビットレート |
| **776.** | 一度圧縮したデータを完全に元のデータに戻せる圧縮方式を何と呼ぶか。 | 可逆圧縮 |
| **777.** | 一度圧縮したデータを完全に元のデータに戻せない圧縮方式を何と呼ぶか。 | 非可逆圧縮 |
| **778.** | 複数のファイルを 1 つのファイルにまとめることを何と呼ぶか。 | アーカイブ |
| **779.** | GIF・PNG・JPEG のうち，非可逆圧縮なのはどれか。 | JPEG |
| **780.** | 文書やマルチメディアファイルをまとめて圧縮伸張する世界標準のファイル圧縮形式は何か。 | ZIP |
| **781.** | 日本発のファイル圧縮形式で，国内で広く扱われているものは何か。 | LZH |
| **782.** | 3 色すべてを掛け合わせると白になる，光の 3 原色と呼ばれるディスプレイでの色表現を何と呼ぶか。 | RGB |

| | | |
|---|---|---|
| 783 | 3色すべてを掛け合わせると黒になる，色の3原色と呼ばれる印刷物での色表現を何と呼ぶか。 | CMY |
| 784. | 色を変化させる3つの要素のうち，色合いを決める要素は何か。 | 色相 |
| 785. | 色を変化させる3つの要素のうち，明るさを決める要素は何か。 | 明度 |
| 786. | 色を変化させる3つの要素のうち，鮮(あざ)やかさを決める要素は何か。 | 彩度 |
| 787. | グラフィックソフトウェアのうち，マウスポインタを筆として扱い画像を描き，画像はビットマップイメージとして保存されるものは何か。 | ペイント系ソフトウェア |
| 788. | グラフィックソフトウェアのうち，直線や曲線などを開始点と終了点の指定，角度の指定などを元に演算処理で画像を描くものは何か。 | ドロー系ソフトウェア |
| 789. | グラフィックソフトウェアのうち，元となる写真を読み込み，明るさ，シャープさ，赤目補正などの補正を行うことができるものは何か | フォトレタッチソフトウェア |
| 790. | コンピュータによって作成された画像や動画を総称して何と呼ぶか。 | CG（コンピュータグラフィックス） |
| 791. | CGのうち，縦横の平面表現に高さを加えて立体的表現をするものを何と呼ぶか。 | 3DCG |
| 792. | 仮想現実とも訳され，現実感を人工的に作る技術を総称して何と呼ぶか。 | VR（バーチャルリアリティ） |

| |  |  |
|---|---|---|
| 793. | ディスプレイに映し出した画像に，バーチャル情報を重ねて表示することで，より便利な情報を提供する技術は何か。 | AR（拡張現実） |
| 794. | 建築や工業製品の設計にコンピュータを用いること，または,そのために利用するソフトウェアを何と呼ぶか。 | CAD |
| 795. | コンピュータを利用して特定の状況や操作などの疑似体験ができる技術を何と呼ぶか。 | シミュレーション |
| 796. | CD や DVD などの不正コピー防止などディジタルデータの著作権管理に役立てられる技術を何と呼ぶか。 | DRM（デジタル著作権管理） |
| 797. | コピーワンス（1 度だけテレビ番組の録画を可能にし，他のメディアへのダビングを禁止する）を実現するデジタル著作権保護技術は何か。 | CPRM |

## コラム

マルチメディアは，現在最も活発に変化している分野の 1 つです。
必然的に，試験までの間に，どんな進歩があったのかは，ご自身で少し調べておかなければいけません。

ただし，試験に出るのは，社会的な認知度が高まったものになりますので，ちょっと流行った程度の事柄まで追う必要はなく，どちらかというと日常的にインターネットなどを利用する中で，最近よく見かける言葉やサービスについて，面倒くさがらずに調べる癖さえつけておけば問題ないでしょう。

試験としては，キーワードに関する問題の他に，静止画や動画のファイルサイズやその応用として必要な通信速度に関する計算が問われてくる可能性があります。

計算時には特に単位（ビット or バイト，分 or 秒など）に注意するように心がけましょう。

# 9-3 データベース

**単語暗記** 次の説明文が表す用語を答えなさい。 **answer**

| | 問題 | answer |
|---|---|---|
| 798. | 複数のユーザーやソフトウェアで共有される整理されたデータの集合体を何と呼ぶか。 | データベース |
| 799. | データベースにおけるデータの蓄積方法を何と呼ぶか。 | データベースモデル |
| 800. | データベースモデルのうち，組織図などツリー構造でデータを表すものを何と呼ぶか。 | 階層型データベース |
| 801. | データベースモデルのうち，複数の親データに複数の子データを持つことができるものを何と呼ぶか。 | ネットワーク型データベース |
| 802. | データベースモデルのうち，データ項目を複数の表で保存し，データ項目を元に表同士の関連付けを行うものを何と呼ぶか。 | リレーショナル型データベース |
| 803. | リレーショナル型データベースがテーブルを用いてデータを管理することに対し，様々なキーや構造を持ってデータを管理するデータベースを総称して何と呼ぶか。 | NoSQL |
| 804. | データベースの蓄積や他のコンピュータやソフトウェアからの要求に答える役割を果たす，データベースの管理を行うためのシステムを何と呼ぶか。 | DBMS（データベース管理システム） |
| 805. | 基幹システムから取引データなどを抽出して再構成，蓄積した大規模なデータベースまたは，そのシステムを何と呼ぶか。 | データウェアハウス |

| |  |  |
|---|---|---|
| 806. | データウェアハウスに保存されたデータの中から，使用目的によって特定のデータを切り出して整理し直し，別のデータベースに格納したものを何と呼ぶか。 | データマート |
| 807. | リレーショナル型データベースの項目とデータを管理する表を何と呼ぶか。 | テーブル |
| 808. | テーブルのデータ項目ごとの列を何と呼ぶか。 | フィールド |
| 809. | フィールドの項目名を何と呼ぶか。 | フィールド名 |
| 810. | テーブルのフィールド項目に入るデータを行単位で表すものを何と呼ぶか。 | レコード |
| 811. | データ利用時に，レコードを特定できる重複のないデータ項目を何と呼ぶか。 | 主キー |
| 812. | リレーショナル型データベースにおいて，あるテーブルから他のテーブルの項目を参照する関係にある場合に，参照する側にあたる列に設定されるキーは何か。 | 外部キー |
| 813. | データベースの設計時に項目の関係性を整理するために用いられる，実体が持つ属性や関連を図式化するものは何か。 | E-R図（実体関連図） |
| 814. | テーブルにデータの重複がない状態にし，適切に分割することを何と呼ぶか。 | 正規化 |
| 815. | 書籍でいう索引のようなもので，データベースのテーブルに格納されているデータを高速に取り出すための仕組みは何か。 | インデックス |

| | |
|---|---|
| **816.** テーブルから，必要なレコードを抜きだすデータ操作を何と呼ぶか。 | 選択 |
| **817.** テーブルから，必要なフィールドを抜きだすデータ操作を何と呼ぶか。 | 射影 |
| **818.** テーブルに，レコードを追加するデータ操作を何と呼ぶか。 | 挿入 |
| **819.** 複数のテーブルを，キー（データ項目）を元に結び付けて 1 つにするデータ操作を何と呼ぶか。 | 結合 |
| **820.** テーブルのレコードの内容を変更するデータ操作を何と呼ぶか。 | 更新 |
| **821.** データベースへのデータの挿入，選択，削除などを命令するための処理を記述するための操作言語は何か。 | SQL |
| **822.** 複数の関連する処理を 1 つの処理単位としてまとめて処理することを何と呼ぶか。 | トランザクション処理 |
| **823.** 複数のユーザーが同時にデータ操作を行えないようにアクセス制限をかけることを何と呼ぶか。 | ロック |
| **824.** 障害発生時に，保存データを元に，データを復旧させる機能のことを何と呼ぶか。 | リカバリ機能 |
| **825.** リカバリ機能に利用する，データの更新時の情報を自動保存したファイルを何と呼ぶか。 | ログファイル |
| **826.** リカバリ機能に利用する，データベース全体を定期的に保存したファイルを何と呼ぶか。 | バックアップファイル |

| | 問題 | 解答 |
|---|---|---|
| 827. | リカバリ機能のうち，バックアップファイルで保存されているポイントまでさかのぼり，さらにログファイルを元に障害直前の状態まで復元して，処理を再開する方法を何と呼ぶか。 | ロールフォワード |
| 828. | リカバリ機能のうち，トランザクション処理中に障害が発生した場合，処理開始前の状態にデータベースを戻す方法を何と呼ぶか。 | ロールバック |
| 829. | データベースの複製（レプリカ）を別のコンピュータに作成して常に同期させることで，信頼性の向上や負荷の分散を実現するDBMSの機能は何か。 | レプリケーション |

リレーショナルデータベースのデータ設計において，データの集まりであるテーブルを構成する名称は次のようにまとめられます。

フィールド　フィールド名

| No. | コード | 数値 | 日付 |
|---|---|---|---|
| 101 | AAA | 1 | 0115 |
| 102 | BBB | 2 | 0115 |
| 103 | AAA | 1 | 0120 |
| 104 | CCC | 2 | 0201 |

レコード
主キー

# 9-4 ネットワーク

**単語暗記** 次の説明文が表す用語を答えなさい。 **answer**

| No. | 問題 | answer |
| --- | --- | --- |
| 830. | 管理者の責任で設置される，限定された領域内で利用するネットワーク設備は何か。 | LAN |
| 831. | 公衆回線や専用通信回線を利用して，遠隔地同士のLANを接続したネットワークは何か。 | WAN |
| 832. | LANやWANと異なり，開かれた世界中のネットワークにアクセス可能な巨大ネットワークは何か。 | インターネット |
| 833. | インターネットの技術を利用して設置されるLANを何と呼ぶか。 | イントラネット |
| 834. | インターネット上のWebページ同士がハイパーリンクでつながったシステムを何と呼ぶか。 | WWW（World Wide Web） |
| 835. | LANの構成のうち，専用のケーブルを利用してコンピュータとネットワーク機器やコンピュータ同士を接続するものを何と呼ぶか。 | イーサネット（有線LAN） |
| 836. | イーサネット上のコンピュータとネットワーク機器を何と呼ぶか。 | ノード |
| 837. | イーサネットの専用ケーブルを何と呼ぶか。 | イーサネットケーブル |
| 838. | イーサネットケーブルのうち，コンピュータと通信機器を接続するために利用するものは何か。 | ストレートケーブル |

|  |  |
|---|---|
| 839. イーサネットケーブルのうち，コンピュータ同士を接続するために利用するものは何か。 | クロスケーブル |
| 840. LAN の構成のうち，ケーブルを用いずに電波技術を用いて構築するものを何と呼ぶか。 | 無線 LAN |
| 841. 国際標準規格である IEEE802.11 を使用した通信の実現を保障する無線 LAN の代表的な認証は何か。 | Wi-Fi |
| 842. 無線 LAN のうち，周波数帯が 2.4GHz 帯で，最大転送速度 11Mbps の規格は何か。 | IEEE802.11b |
| 843. 無線 LAN のうち，周波数帯が 2.4GHz 帯で，最大転送速度 54Mbps の規格は何か。 | IEEE802.11g |
| 844. 無線 LAN のうち，周波数帯が 5.2GHz 帯で，最大転送速度 54Mbps の規格は何か。 | IEEE802.11a |
| 845. 無線 LAN のうち，周波数帯は 2.4GHz と 5.2GHz 帯を利用し，最大転送速度 300Mbps の規格は何か。 | IEEE802.11n |
| 846. IEEE802.11 シリーズの無線 LAN の混信を避けるために付けられるネットワークの識別子は何か。 | ESSID |
| 847. 電話やモデム，コンピュータに電話線や LAN ケーブルを接続するために利用されるコネクタ（端子）は何か。 | モジュラージャック |
| 848. ネットワーク機器のうち，ケーブルを接続するポート（穴）を設置する拡張カードは何か。 | ネットワークインタフェースカード（NIC） |
| 849. ネットワーク機器のうち，ケーブルの集約装置を何と呼ぶか。 | ハブ |

850. ハブのうち，接続する機器から受け取ったデータを単純に同じ集約装置に接続された全機器に再送信するものを何と呼ぶか。 | リピータハブ

851. ハブのうち，受け取ったデータの宛先（送信先の機器）制御し再送信先を指定できるものを何と呼ぶか。 | スイッチングハブ

852. ネットワーク機器のうち，異なるネットワーク間でのデータ通信を中継する装置は何か。 | ルータ

853. 外部のコンピュータにネットワーク接続するために出入り口の役割を担う機器を何と呼ぶか。 | デフォルトゲートウェイ

854. ネットワーク機器のうち，電波によるネットワークを利用するための集積装置は何と呼ばれているか。 | アクセスポイント

855. ネットワーク機器のうち，電話回線などのアナログ信号をディジタル信号に変換するものは何か。 | モデム

856. ネットワーク機器のうち，ISDN 回線のアナログ信号をディジタル信号に変換するものは何か。 | ターミナルアダプタ（TA）

857. LAN とインターネットの境にあって，直接インターネットに接続できない LAN 上のコンピュータに代わってインターネットに接続するコンピュータのことを何と呼ぶか。 | プロキシ

858. LAN カードなどのネットワーク機器（ノード）を識別するために設定されている固有の物理アドレスは何か。 | MAC アドレス

859. 物理的な通信線によるネットワーク上に，ソフトウェアによって仮想的なネットワークを作り上げる技術全般を何と呼ぶか。 | SDN

| | 問題 | 解答 |
|---|---|---|
| 860. | ネットワークの接続形態のうち，1本の伝送路に，複数のコンピュータを並列接続する方式は何か。 | バス型ネットワーク |
| 861. | バス型ネットワークの両端に設置される機器は何か。 | 終端装置 |
| 862. | ネットワークの接続形態のうち，終端装置を付けず，両端を結び円状にする方式は何か。 | リング型ネットワーク |
| 863. | リング型ネットワークの内を巡回する，データの送信権を持った信号を何と呼ぶか。 | トークン |
| 864. | トークンを利用したネットワーク規格を何と呼ぶか。 | トークンリング |
| 865. | ネットワークの接続形態のうち，ハブなどを中心に放射状にコンピュータを接続する方式は何か。 | スター型ネットワーク |
| 866. | スター型ネットワークの中心になるハブなどを総称して何と呼ぶか。 | 集積装置 |
| 867. | ネットワーク制御方式のうち，データを送信したいノードが通信状況を監視し，ケーブルが空くと送信を開始する方式は何か。 | CSMA/CD 方式 |
| 868. | ネットワーク制御方式のうち，トークンと呼ばれる送信権がネットワーク内を巡回し，これを獲得した端末がデータを送信する方式は何か。 | トークンパッシング |
| 869. | IoT に関わる様々な技術の標準化を図り，IoT デバイスと IoT ゲートウェイ間をつなぐネットワークを何と呼ぶか。 | IoT エリアネットワーク |
| 870. | なるべく消費電力を抑えて遠距離通信を実現することで IoT を支える通信方式は何か。 | LPWA |

**871.** 端末の近くにサーバを分散配置することで上位システムの負荷軽減や通信遅延を解消する，IoT ネットワークを支えるネットワーク構築方式は何と呼ぶか。

エッジコンピューティング（エッジ処理）

**872.** 従来の Bluetooth の規格と比較し，消費電力を最小まで抑えるために，チャンネル数を極限まで減らした無線通信用プロトコルは何か。

BLE

**873.** 自動車などの移動体に通信システムを搭載することで，さまざまな情報を送受信してサービスを提供することを何と呼ぶか。

テレマティクス

**874.** 電波を使い位置情報などを提供する設備や装置のことで，近年ではスマートフォンのナビゲーションアプリや近隣の店舗情報の表示などへの活用も進んでいるものは何か。

ビーコン

**875.** 宛先情報を含むデータの分割ルールを規定するものと，データ送信の制御をするプロトコルを組み合わせて一般的に何と呼ぶか。

TCP/IP

**876.** TCP/IP で細かく分割されたデータを何と呼ぶか。

パケット

**877.** TCP/IP の宛先情報を何と呼ぶか。

IP アドレス

**878.** IP アドレスの後ろに付けられる，宛先のどのプログラムへの通信か特定することができる情報は何か。

ポート番号

**879.** IP アドレスの枯渇問題を解消する次世代のインターネットプロトコルは何か。

IPv6

|  |  |  |
|---|---|---|
| 880. | IP アドレスを固定で設定せずに，コンピュータがネットワーク接続時に自動的に IP アドレスを割り当てるプロトコルは何か。 | DHCP |
| 881. | WWW（World Wide Web）上でデータの送受信を行うためのプロトコルは何か。 | HTTP |
| 882. | ショッピングサイトなどで使われる，HTTP のセキュリティ面を強化したプロトコルは何か。 | HTTPS |
| 883. | HTTPS で利用されている暗号化技術は何か。 | SSL |
| 884. | クライアントとサーバ間でファイルの転送を行うときに利用される通信プロトコルは何か。 | FTP |
| 885. | FTP を用いて，サーバにクライアントからデータを転送することを何と呼ぶか。 | アップロード |
| 886. | FTP を用いて，サーバからクライアントにデータを転送することを何と呼ぶか。 | ダウンロード |
| 887. | アップロードやダウンロードで利用されるアプリケーションソフトウェアを何と呼ぶか。 | FTP クライアント |
| 888. | 電子メールの送信に広く利用されているプロトコルは何か。 | SMTP |
| 889. | 受信したすべてのメールをクライアントにダウンロードしてから閲覧するメール受信用のプロトコルで，現在，広く利用されているものは何か。 | POP3 |

| | |
|---|---|
| **890.** メールを管理するメールサーバ上でメールの操作や保存をすることができるメール受信用のプロトコルで，現在，広く利用されているものは何か。 | IMAP4 |
| **891.** ネットワーク に接続されるコンピュータの内部時計を正しい時刻に調整するための通信プロトコルは何か。 | NTP |
| **892.** WWW において，他のページにジャンプする技術を何と呼ぶか。 | ハイパーリンク |
| **893.** ハイパーリンクの指定で使われる，Web サイトのアドレスをアルファベットで何と呼ぶか。 | URL |
| **894.** インターネットの起源とされる，アメリカの国防総省によって 1969 年に作られたネットワークは何か。 | ARPANET |
| **895.** URL やメールアドレスなどで利用される，IP アドレスを文字列に置き換えた情報を何と呼ぶか。 | ドメイン |
| **896.** ドメインの割り当てを管理するシステムは何か。 | DNS |
| **897.** 世界中に階層式に設置されている，DNS を実現するためのデータベースサーバを何と呼ぶか。 | DNS サーバ |
| **898.** DNS サーバのうち，世界に 13 台のみ存在する最上位のものを何と呼ぶか。 | ルートサーバ |
| **899.** IP アドレスのうち，LAN 内の PC に管理者が自由に割り当てることができるものを何と呼ぶか。 | プライベート IP アドレス |
| **900.** 外部ネットワークとの通信に利用される，世界中に 1 つしかない IP アドレスを何と呼ぶか。 | グローバル IP アドレス |

|  |  |  |
|---|---|---|
| 901. | 固定のグローバルIPアドレスがないコンピュータがインターネットに接続する際，保有する多数のグローバルIPアドレスから空いているものを割り当てる事業者を何と呼ぶか。 | インターネットサービスプロバイダ（ISP） |
| 902. | ドメインのうち，「.com」「.org」などを末尾に使うもの何と呼ぶか。 | トップレベルドメイン |
| 903. | ドメインのうち，組織の属性を示す「.co」「.ac」などを何と呼ぶか。 | セカンドレベルドメイン |
| 904. | 同一ドメインを複数のWebサイトで利用できるようするために，ドメイン名の前に「www.」や「shop.」など任意の文字列を加えたものを何と呼ぶか。 | サブドメイン |
| 905. | Webサイトを閲覧したユーザーのコンピュータに一時的にデータを書き込んで保存する仕組みまたは，保存されたファイルを何と呼ぶか。 | cookie（クッキー） |
| 906. | 宛先情報や送信元情報を加えてメッセージをやり取りするインターネットサービスを何と呼ぶか。 | 電子メール（e-mail） |
| 907. | 電子メールで利用されるメールのやり取りを行うための機能を持ったサーバを何と呼ぶか。 | メールサーバ |
| 908. | Webブラウザ上でメールサーバ内のメッセージを閲覧，管理できるサービスを何と呼ぶか。 | Webメール |
| 909. | 宛先の指定方法のうち，メッセージ内容の直接の相手を受信先にする場合の指定方法は何か。 | to |
| 910. | 宛先の指定方法のうち，メッセージを参照してほしい受信先を指定する方法は何か。 | cc |

| | |
|---|---|
| **911.** 宛先の指定方法のうち，他の受信先には知られずに電子メールを送る指定方法は何か。 | bcc |
| **912.** 多数のユーザーに一括して案内メールなどを送ることを何と呼ぶか。 | 同報メール |
| **913.** 同報メールのうち，事前に登録した顧客などに対し，継続的に情報メールを送信するものを何と呼ぶか。 | メールマガジン |
| **914.** 複数ユーザーが同じグループとしてメッセージのやり取りをする場合に，メンバーのメールアドレスを事前に登録し，宛先として利用するものは何か。 | メーリングリスト |
| **915.** 通常ではテキスト情報しか扱えない電子メールで，様々なフォーマット（書式や画像などのマルチメディア）を扱うことができるインターネット上で利用される電子メールの規格は何か。 | MIME（マイム） |
| **916.** 個人利用者が急速に拡大している，ファイルサーバのディスクスペースの一部分を貸し出すサービスを何と呼ぶか。 | オンラインストレージ |
| **917.** 検索サイトの全文検索型サーチエンジンなどで利用するため，Web 上を巡回し，Web 上の文書や画像などを取得し，それらの情報をデータベースに保存するプログラムは何か。 | クローラ |
| **918.** 開設者が設定したテーマに対して，参加者が掲示板にアクセスし自由にコメントを連ねていくインターネットサービスは何か。 | BBS（電子掲示板） |
| **919.** 参加者が文字，ビデオ，音声を使い，リアルタイムで会話をできるインターネットサービスは何か。 | チャット |

| 問題 | 解答 |
|---|---|
| 920. 日記の投稿や整理が容易であり，読者のコメントなどを受け付ける機能がある日記形式のWebサイトを何と呼ぶか。 | ブログ |
| 921. ニュースやブログなどのWebサイトの見出しや要約などの更新情報を記述し配信するための文書フォーマットの総称は何か。 | RSS |
| 922. ブログや掲示板，プロフィール機能など様々な機能を組み合わせた総合的なコミュニケーションサービスは何か。 | SNS（ソーシャルネットワーキングサービス） |
| 923. 通信回線の速度（1秒あたりに通信するデータ（ビット）量を示す）単位は何か。 | bps |
| 924. モデムによって，アナログ信号をディジタル信号に変換して利用する，速度56kbpsの通信回線は何か。 | 電話回線 |
| 925. TAによって，アナログ信号をディジタル信号に変換して利用する，128kbpsの通信回線は何か。 | ISDN |
| 926. 電話回線で音声通話に利用しない周波数帯を使用した，1.5Mbps以上の高速のディジタル通信回線は何か。 | ADSL |
| 927. 光ファイバを利用し，100Mbps程度のディジタル通信を行える通信回線は何か。 | FTTH |
| 928. 携帯電話やPHS回線を利用して行うデータ通信を何と呼ぶか。 | モバイル通信 |
| 929. 現在広く利用されている回線に代わり，より高速で低コスト，低消費電力の通信を実現する移動体通信網を何と呼ぶか。 | 5G |

| | | |
|---|---|---|
| **930.** | 自社で移動体通信用の設備を開設・運用せずに携帯電話やPHSなどのサービスを行う事業者のことを何と呼ぶか。 | MVNO（仮想移動体通信事業） |
| **931.** | 移動体通信事業者が発行する携帯電話加入者のIDを記録したICカードは何か。 | SIMカード |
| **932.** | データを小さなまとまりに分割して1つひとつ送受信する通信方式を何と呼ぶか。 | パケット通信 |
| **933.** | 携帯電話回線に接続したスマートフォンなどをモデム兼無線LANアクセスポイントとして用いて，他のコンピュータをインターネットに接続する技術は何か。 | テザリング |
| **934.** | 複数の異なる周波数帯の無線通信回線を一体的に利用することで通信を高速化する技術は何か。 | キャリアアグリゲーション |
| **935.** | VoIP（Voice over Internet Protocol）技術を利用する電話サービスは何か。 | IP電話 |
| **936.** | 通信回線で利用したデータ量や利用時間に応じて利用料を支払う方式を何と呼ぶか。 | 従量制 |
| **937.** | 通信回線で利用したデータ量や利用時間に関係なく，一定の料金を支払う方式を何と呼ぶか。 | 定額制 |

# 9-5 セキュリティ

**単語暗記** 次の説明文が表す用語を答えなさい。 **answer**

| | 問題 | answer |
|---|---|---|
| 938. | 企業や個人で管理されている資産価値のある情報に対する危機管理のことを何と呼ぶか。 | 情報セキュリティ |
| 939. | それ自体に資産価値のある情報やそれを扱う機器を総称して何と呼ぶか。 | 情報資産 |
| 940. | 情報資産のうち，コンピュータなどの機器，データを収めたディスクなど，手で触れられるものを何と呼ぶか。 | 有形資産 |
| 941. | 情報資産のうち，顧客情報，個人情報など資産価値のあるデータを何と呼ぶか。 | 無形資産 |
| 942. | ユーザーが誤って情報を外部に公開，送付してしまう人的脅威を何と呼ぶか。 | 漏(ろう)えい |
| 943. | ユーザーがデータを保存した有形資産を置き忘れたり，失くしたりする人的脅威を何と呼ぶか。 | 紛失 |
| 944. | 組織内部の人物が情報を盗み出したり，システムを故障させたりといった不正を働く人的脅威は何か。 | 内部不正 |
| 945. | 悪意のある人が操作画面を見て不正に情報を得る人的脅威は何か。 | 盗み見 |
| 946. | 悪意のある人が社員や顧客のIDを不正に入手して，情報を引き出す人的脅威は何か。 | なりすまし |

| |  |  |
|---|---|---|
| 947. | 悪意のある人が，システムに不正侵入し情報の引き出しや破壊を行う人的脅威は何か。 | クラッキング |
| 948. | クラッキングのきっかけになる，コンピュータのセキュリティ上の穴を何と呼ぶか。 | セキュリティホール |
| 949. | ユーザーや管理者から，話術や盗み聞きなどの社会的な手段で，情報を入手する人的脅威は何か。 | ソーシャルエンジニアリング |
| 950. | 火事や地震によって有形資産が利用不可能になる物理的脅威を何と呼ぶか。 | 災害 |
| 951. | 第三者によって有形資産が破壊され，業務を妨害される物理的脅威を何と呼ぶか。 | 破壊・妨害行為 |
| 952. | コンピュータやネットワークを活用して相手を攻撃することを総称して何と呼ぶか。 | サイバー攻撃 |
| 953. | 技術的脅威の代表格である，悪意のあるプログラムの総称は何か。 | マルウェア |
| 954. | マルウェアのうち，コンピュータに侵入してファイル破壊活動などを行うものを何と呼ぶか。 | コンピュータウイルス |
| 955. | マルウェアのうち，コンピュータを不正操作し情報の盗難や破壊を行うものを何と呼ぶか。 | ボット |
| 956. | マルウェアのうち，コンピュータに潜み，ユーザーが入力する情報などを不正取得するものを何と呼ぶか。 | スパイウェア |
| 957. | マルウェアのうち，システムやファイルをパスワード付きで暗号化し，解除に必要なパスワードの代わりに身代金を要求するものを何と呼ぶか。 | ランサムウェア |

| | |
|---|---|
| 958. あたかもシステムに直接的にアクセスしているかのように遠隔操作を行うマルウェアで，デスクトップのスクリーンショットの撮影やコンピュータに接続されたカメラによる撮影をはじめ，ファイルの操作などコンピュータの制御全般を悪意を持って行うものは何か。 | RAT |
| 959. コンピュータウイルスのうち，他のファイルに寄生せずに自己複製して破壊活動を行うものは何か。 | ワーム |
| 960. コンピュータウイルスのうち，正体を偽って侵入し，データ消去やファイルの外部流出，他のコンピュータの攻撃などの破壊活動を行うものは何か。 | トロイの木馬 |
| 961. コンピュータウイルスのうち，Microsoft 社のオフィスソフトのプログラム機能（マクロ）を利用したコンピュータウイルスで，文書ファイルなどに感染して自己増殖や破壊活動を行うものは何か。 | マクロウイルス |
| 962. ショッピングサイトや金融機関のサイトを偽装し，利用者の個人情報やクレジットカード情報を不正入手する詐欺手法を何と呼ぶか。 | フィッシング詐欺 |
| 963. Web サイトや電子メール内のハイパーリンクをクリックした際に，意図しないサービスの契約を偽装し料金の請求画面を表示する詐欺手法を何と呼ぶか。 | ワンクリック詐欺 |
| 964. 他人の Web サイト上の脆弱性につけこみ，悪意のあるプログラムを埋め込む行為は何か。 | クロスサイトスクリプティング |
| 965. Web サイトを閲覧時に，コンピュータウイルスなどの不正プログラムをパソコンにダウンロードさせる攻撃です。主に OS やアプリケーションソフトの脆弱性を利用します。 | ドライブバイダウンロード |

| | | |
|---|---|---|
| 966. | Webサーバに多大なデータを送りつける，一斉にアクセスするといった手段で，サーバに負荷をかけて，サーバを機能停止に追い込む行為を何と呼ぶか。 | DoS攻撃 |
| 967. | 対処しきれないほどの複数のIPからDoS攻撃をしかける分散攻撃の手法を何と呼ぶか。 | DDoS攻撃 |
| 968. | リスクにつながるソフトウェアが持つセキュリティ上問題のある脆弱性のことを何と呼ぶか。 | セキュリティホール |
| 969. | 狙った企業の従業員に知人を装ってウイルスメールを送信するなどの特定の企業やユーザーを狙った攻撃を何と呼ぶか。 | 標的型攻撃 |
| 970. | 特定の組織がよく利用するWebサイトなどを改ざんし，その組織へのマルウェアの侵入を行う攻撃手法は何か。 | 水飲み場型攻撃 |
| 971. | 感染したコンピュータが管理するWebサイトを改ざんして，Webサイト上に感染用プログラムを仕掛けることで，別のユーザーがサイトを閲覧することにより感染を拡大させる方式のコンピュータウイルスを何と呼ぶか。 | ガンブラー |
| 972. | キーボードからの入力を監視して記録するソフトウェアで,もともとはソフトウェア開発のテスト等で利用するツールだが，個人情報やパスワードを盗むためにこっそりと仕掛けられ悪用されることが増えているものは何か。 | キーロガー |
| 973. | ソフトウェアにセキュリティホールが発見されたときに，その対策用のパッチ（修正用の小さなプログラム）が配布される前にそのセキュリティホールを悪用して行われる攻撃のことを何と呼ぶか。 | ゼロデイ攻撃 |

| | 問題 | 解答 |
|---|---|---|
| 974. | コンピュータに保存されているデータや，送受信するデータから，パスワードなどの暗号を割り出す攻撃を何と呼ぶか。 | パスワードクラック |
| 975. | スパイウェアなどで不正に入手したIDとパスワードをリスト化し，そのリストを基に他のサービスへのアクセスを試みるパスワードクラックの手法は何か。 | パスワードリスト攻撃 |
| 976. | 主にWebサイトと連動しているデータベースに対して，不正なSQL文を実行することで，データベースを不正に操作する攻撃を何と呼ぶか。 | SQLインジェクション |
| 977. | 無差別かつ大量に一括してばらまかれる迷惑メールと呼ばれる行為を何と呼ぶか。 | SPAM |
| 978. | DNSサーバにキャッシュ（一時保存）してあるホスト名とIPアドレスの対応情報を偽の情報に書き換えることで，偽サイトへアクセスさせる脅威を何と呼ぶか。 | キャッシュポイズニング |
| 979. | サーバなどのコンピュータに不正侵入を行うための侵入経路を，コンピュータの管理者に気づかれないように確保する不正アクセスのための技術的脅威を何と呼ぶか。 | バックドア |
| 980. | 企業側が把握していない状況で従業員がIT活用を行う事を何と呼ぶか。 | シャドーIT |
| 981. | 「機会」「動機」「正当化」の3つが揃った時に不正が発生するという理論を何と呼ぶか。 | 不正のトライアングル |
| 982. | 情報セキュリティを考える上で，どのようなリスクが存在するか，その確率や影響なども分析し，対策の準備を行う管理手法を何と呼ぶか。 | リスクマネジメント |

| | 問題 | 解答 |
|---|---|---|
| 983. | リスク移転の一環として，事業者が不正アクセスによる「個人情報の流出」や「業務妨害」などに備えるための保険を何と呼ぶか。 | サイバー保険 |
| 984. | 情報セキュリティを実現するための組織や仕組みの管理を何と呼ぶか。 | 情報セキュリティマネジメント |
| 985. | 情報セキュリティの原則のうち，認められた人だけが情報にアクセスできる状態を確保していることを何と呼ぶか。 | 機密性 |
| 986. | 情報セキュリティの原則のうち，情報の改ざん・破壊・消去が行われていない状況を確保していることを何と呼ぶか。 | 完全性 |
| 987. | 情報セキュリティの原則のうち，必要な時に情報にアクセスできる状態を確保していることを何と呼ぶか。 | 可用性 |
| 988. | 情報セキュリティの原則のうち，改定の履歴をたどれることを何と呼ぶか。 | 責任追跡性 |
| 989. | 情報セキュリティの原則のうち，利用者や情報などが本物であることを何と呼ぶか。 | 真正性 |
| 990. | 情報セキュリティの原則のうち，利用事実を事後に否定することができないようにすることを何と呼ぶか。 | 否認防止 |
| 991. | 情報セキュリティの原則のうち，与えられた条件下では期待された役割を安定的に果たすことを何と呼ぶか。 | 信頼性 |
| 992. | 情報セキュリティマネジメントを実現するための体制を運用することを何と呼ぶか。 | ISMS（情報セキュリティマネジメントシステム） |

| | | |
|---|---|---|
| 993. | 情報セキュリティマネジメントを実現するために明文化する様々な規定を総称して何と呼ぶか。 | 情報セキュリティポリシ |
| 994. | 情報セキュリティポリシのうち，保護対象や脅威，保護する理由を明らかにし，組織の情報セキュリティに対する取組み姿勢を示すものは何か。 | 基本方針 |
| 995. | 情報セキュリティポリシのうち，基本方針を実現するための判断，行為の基準やルールを示すものは何か。 | 対策基準 |
| 996. | 情報セキュリティポリシの内容を情報システムや業務において，どのように実行していくのかを示すものは何か。 | 実施手順 |
| 997. | 企業内に設置される，業務内にセキュリティ上の問題が発生していないか監視する組織を何と呼ぶか。 | CSIRT |
| 998. | 組織全体のリスクを把握し，セキュリティ体制の運用や維持，リスク発生時の対応，新しい脅威，新しい法令等への対応などを速やかに行う目的で設置されるCIO を中心とした組織横断型の委員会を何と呼ぶか。 | 情報セキュリティ委員会 |
| 999. | ネットワークや接続機器を専門スタッフが常に監視し，サイバー攻撃の検出，攻撃の分析と対応策のアドバイスを行う組織を何と呼ぶか。 | SOC（Security Operation Center） |
| 1000. | コンピュータ不正アクセス対策基準に基づいた届出制度で，被害情報をIPA が受け付けて国内の不正アクセス状況を発表し注意喚起や啓蒙活動に活かすものは何か。 | コンピュータ不正アクセス届出制度 |
| 1001. | コンピュータウイルス対策基準に基づいた届出制度で，被害情報をIPA が受け付けて国内のコンピュータウイルスに関する被害状況を発表し注意喚起や啓蒙活動に活かすものは何か。 | コンピュータウイルス届出制度 |

| | 問題 | 解答 |
|---|---|---|
| 1002. | ソフトウエア等脆弱性関連情報取扱基準に基づいた届出制度で，ソフトウェアなどに発見された脆弱性情報をIPAが受け付けて発表することで注意喚起や啓蒙活動に活かすものは何か。 | ソフトウェア等の脆弱性関連情報に関する届出制度 |
| 1003. | 重要インフラで利用される機器の製造業者が参加して発足したサイバー攻撃に対抗するための官民による組織を何と呼ぶか。 | J-CSIP（サイバー情報共有イニシアティブ） |
| 1004. | IPAが，標的型サイバー攻撃の被害拡大防止のため，経済産業省の協力のもとに発足した，相談を受けた組織の被害の低減と攻撃の連鎖の遮断を支援する活動を何と呼ぶか。 | サイバーレスキュー隊（J-CRAT） |
| 1005. | 個人情報保護の中心的な役割を担う法律は何か。 | 個人情報保護法 |
| 1006. | 個人情報を遵守する事に関して，経営者が従業員・社外へ方針として掲げる方針は何か。 | プライバシポリシ（個人情報保護方針） |
| 1007. | 個人情報保護法に「個人情報取扱事業者は，その取り扱う個人データの漏えい，滅失又はき損の防止その他の個人データの安全管理のために必要かつ適切な措置を講じなければならない」と規定されている，事業者に課される管理措置を何と呼ぶか。 | 安全管理措置 |
| 1008. | 企業の個人情報保護の認定制度のうち最も普及しているものは何か。 | プライバシーマーク制度 |
| 1009. | IPAが公開するガイドラインで，企業内で内部不正が発生しないように取り組むべき対策をまとめたものを何と呼ぶか。 | 組織における内部不正防止ガイドライン |

| | | |
|---|---|---|
| 1010. | 物理的セキュリティ対策の入退室管理で利用される，人間の顔や網膜，指紋，血管，声紋など個人を特定できる情報によって行う認証システムは何か。 | 生体認証（バイオメトリクス認証） |
| 1011. | 本人認証をする際に，複数の方法によってより精度の高い認証を行う認証方式を何と呼ぶか。 | 多要素認証 |
| 1012. | 人的な情報漏洩対策として，離席する際に心がけるべきことで，机上に書類や記憶媒体などを置いておかないこと，コンピュータの画面上に覗き見されて困るファイルを開いた状態のままにしないことをまとめて何と呼ぶか。 | クリアデスク・クリアスクリーン |
| 1013. | ファイルをインターネットを経由して遠隔地に複製し保管するサービスを何と呼ぶか。 | 遠隔バックアップ |
| 1014. | 技術的セキュリティ対策として，個人認証やアクセス許可に利用するものは何か。 | ID・パスワード |
| 1015. | トークンと呼ばれる専用の機器やアプリケーションを通じて提供される時限的なパスワードを何と呼ぶか。 | ワンタイムパスワード |
| 1016. | 一度の認証により，様々なコンピュータ上のリソースが利用可能になる技術を何と呼ぶか。 | シングルサインオン |
| 1017. | ネットワーク上の情報を監視し，コンテンツ（内容）に問題がある場合に接続を遮断する技術は何か。 | コンテンツフィルタ |
| 1018. | システムやファイルごとに読取り，書込みなどユーザーの権限を技術的に制御することを何と呼ぶか。 | アクセス制御 |

**1019.** クライアントサーバシステムなどでリモートアクセスに利用する場合に用いる技術で，クライアントからサーバに接続要求がある場合に，認証を経た上で，逆にサーバからクライアントに接続をしなおすことを何と呼ぶか。

コールバック

**1020.** 異なる外部ネットワークと内部ネットワークの間に設置し，外部ネットワークからの攻撃から内部を守る技術は何か。

ファイアウォール

**1021.** システムによって機密情報とそうでないものを区別し管理することで機密情報を守る，企業の機密情報を流出させないための包括的な情報漏えい対策のことを何と呼ぶか。

DLP

**1022.** 外部から持ち込まれたコンピュータを組織内のLANに接続する場合に，いったん検査専用のネットワークに接続して検査を行い，問題がないことを確認してからLANへの再接続を許可する仕組みを何と呼ぶか。

検疫ネットワーク

**1023.** 公衆回線をあたかも専用回線であるかのように利用し，物理的に遠くに存在するコンピュータを同一のLAN内にあるように利用する技術は何か。

VPN

**1024.** 携帯端末を導入時に企業内のネットワークに接続するための設定やシステムの利用の許可などを行うなど，企業において携帯端末を管理すること，またはそのための機能やサービスを何と呼ぶか。

MDM

**1025.** 検出用のソフトを利用することでコンテンツに埋め込まれた情報を確認することができる"透かし"を何と呼ぶか。

電子透かし

| | 問題 | 解答 |
|---|---|---|
| 1026. | 仮想通貨の中核技術として発明された分散型台帳管理技術で，台帳を保持する者（仮想通貨の保有者）が仮想通貨の保有量や取引履歴を分散して保有しあい管理する仕組みは何か。 | ブロックチェーン |
| 1027. | 情報漏えいや特許侵害などコンピュータに関する犯罪や法的紛争などが生じた際に法的な証拠になるデータや機器を調査し，情報を集めることを何と呼ぶか。 | ディジタルフォレンジックス |
| 1028. | 実際に行われる可能性のある攻撃方法や侵入方法などをシステムに対して行うことで，コンピュータやネットワークのセキュリティ上の弱点を見つけるテスト手法は何か。 | ペネトレーションテスト（侵入テスト） |
| 1029. | データを変換することで，通信途中の不正傍受や不正侵入によってデータがコピーされても，その情報を悪用されないようにする技術を何と呼ぶか。 | 暗号化 |
| 1030. | 暗号化したのデータを読み取れるように復元することを何と呼ぶか。 | 復号 |
| 1031. | 暗号化や復号のために使うプログラムを何と呼ぶか。 | 暗号鍵 |
| 1032. | 暗号鍵のうち，厳重に管理した１つの暗号鍵を共通して利用する方式を何と呼ぶか。 | 共通鍵暗号 |
| 1033. | 共通鍵暗号において厳重に管理した１つの暗号鍵を何と呼ぶか。 | 秘密鍵 |
| 1034. | 暗号化のうち，暗号化用と復号用の異なる暗号鍵を対で用意する方式を何と呼ぶか。 | 公開鍵暗号 |

| | | |
|---|---|---|
| 1035. | 共通鍵暗号方式と公開鍵暗号方式の仕組みを組み合わせ，共通鍵を引き渡す際に流出するリスクに対応しつつ，文書の復号処理の速度向上が図れる暗号方式は何か。 | ハイブリッド暗号方式 |
| 1036. | ディジタル文書の正当性を保証するために付けられる暗号化技術を用いた情報を何と呼ぶか。 | ディジタル署名 |
| 1037. | 公開鍵暗号や秘密鍵暗号，ディジタル証明書などのセキュリティ技術を組み合わせ，データの盗聴や改ざん，なりすましを防ぐ通信プロトコルは何か。 | SSL/TLS |
| 1038. | データをフォルダやファイル単位で暗号化するのではなく，ハードディスクを全体を暗号化することで安全性を高める暗号化技術は何か。 | ディスク暗号化 |
| 1039. | ユーザが特定のフォルダやファイルを指定して暗号化を行う暗号化技術は何か。 | ファイル暗号化 |
| 1040. | 公開鍵暗号を用いたセキュリティインフラ（技術・製品全般）を指す言葉で，電子メールの暗号化，デジタル証明書や証明書を発行する認証局（CA），リポジトリ（データが保存されている Web サーバなど）など，公開鍵暗号を用いた情報基盤の総称を何と呼ぶか。 | PKI（公開鍵基盤） |
| 1041. | IT 機器やソフトウェアのデータが，外部から不正に閲覧，解析，改竄されにくいようになっている状態を何と呼ぶか。 | 耐タンパ性 |
| 1042. | データに付加することでデータがある時刻に確実に存在していたことを証明する電子的な時刻証明書は何か。 | タイムスタンプ（時刻認証） |

| | 問題 | 解答 |
|---|---|---|
| 1043. | IoT を活用した革新的なビジネスモデルを創出していくとともに，国民が安全で安心して暮らせる社会を実現するために，必要な取組等について検討を行うことを目的に経済産業省が作成したガイドラインを何と呼ぶか。 | IoT セキュリティガイドライン |
| 1044. | IoT 利用者を守るために，IoT を活用した製品やサービスを提供する事業者が考慮すべき事柄をまとめたガイドラインは何か。 | コンシューマ向け IoT セキュリティガイド |

MEMO

# Part 2

## 正誤判定

まぎらわしい表現を正確に正誤判定することで，あいまいなキーワードを整理しましょう。
四択問題を解くためのトレーニングにもなります。

# 第1章 企業と法務

**正誤判定** 次の説明文が正しいか誤っているか答えなさい。

1. 企業は，企業活動の目的の1つである商品やサービス提供による収益の追及のためであれば，自社にとって不都合な決算情報は開示しなくても構わない。

2. グリーンITは，地球環境（環境保護）に配慮して，極力IT技術やIT機器を使わないことで消費電力を低減させる経営を指す言葉である。

3. 企業活動に不可欠な経営資源は，ヒト・モノ・カネ・株主の4つである。

4. PDCAサイクルは，Plan，Do，Check，Actを繰り返すことで業務改善を進める手法である。

5. BC（事業継続性）を実現するための計画がBCPであり，BCP（事業継続計画）の策定・導入，運用，フィードバック，修正など，BCの実現に必要な体制を確保するための活動をBCMと呼ぶ。

6. 社長の下に，営業・経理などの部署が連なる組織形態を，階層型組織と呼ぶ。

7. 事業部制よりもさらに権限を与えられ，独立性の高く，あたかも別の企業のような企業活動を行うことができる組織形態をカンパニ制と呼ぶ。

8. プロジェクト組織は，様々な部署から優秀な人材を選抜して作られる組織で，最初のプロジェクト終了後は，継続して次のプロジェクトに着手する。

# 1-1 企業活動

## 正誤判定 解答・解説

× 決算情報の開示は，ステークホルダーに対する企業の社会的責任であり，開示すべきです。

× グリーン IT は，地球環境（環境保護）に配慮した IT 関連機器や IT システムなどの総称です。

× 株主ではなく情報です。顧客情報や技術動向などがこれにあたります。

○ サイクルとあるとおり，この 4 つを繰り返すことで業務改善を進める手法です。

○ BC は事業の継続性のことで，災害や事故など予期せぬ事態が発生した際に，残された経営資源を元に，事業を継続または再開することを指します。

× 職能別組織です。階層型組織は，部長，課長，係長といった役職の社員がピラミッド状に構成される組織形態を指します。

○ 会社のことを指すカンパニのとおり，1 つの会社のような権限を与えられた独立性の高い組織です。

× プロジェクト組織は，プロジェクト単位で組織され，プロジェクトの終了とともに解散します。

9. 一般的に，企業の目的を遂行する製造・営業などの部署をライン部門，これらを支援する総務·経理·人事などの部署をスタッフ部門と区別する。

10. アダプティブラーニングはテクノロジーを利用することで人的資源活用の効率化や質の向上を図るサービスである。

11. リスクマネジメントに実際の対応の実施や管理を加えたものがリスクアセスメントである。

12. 最近では，企業の役職に欧米の基準を採用する企業が増え，CEO やSEO といった役職に就く人が増えている。

13. 近年，社員の IT 知識を把握するために，文部科学省が定めた ITSS（IT skill standard：IT スキル標準）を活用する企業が増えている。

14. 企業活動においては性別や国籍，専門性など従業員の持つ多様性を活用して競争優位につなげる取り組みをオフショアと呼ぶ。

15. CDP は，一般化された技能や知識について学ぶために，外部講師による集合研修や技術訓練への参加，大学への留学などのトレーニングをすることである。

16. 企業において，業務は各担当が把握していればよく，上位者である上司は必ずしも把握する必要はない。

17. OR（Operations Research）とは，合理的かつ科学的な業務分析の手法であり，日程の把握や計画をするためのフィッシュボーンチャート，サービス提供を待っている人の行列の効率的な処理を考える待ち行列などがこれに含まれる。

18. IE（Industrial Engineering）とは経営工学とも呼ばれ，企業が資源を効率的に運用できるように環境，工程，制度などを再編成する体系技術のことである。

○ スタッフ部門とライン部門を逆に覚えないように注意しましょう。

× HR テックの説明です。
アダプティブラーニングは従業員ひとりひとりの能力に合わせた教育研修を提供することです。

× リスクアセスメントが特定したリスクや発生率や被害の大きさの見積もりから対応策を決定することで，その実施や管理を加えたものがリスクマネジメントです。

× CEO は役職名ですが, SEO は検索エンジン最適化という Web マーケティングの用語になります。

× ITSS は文部科学省ではなく経済産業省が定めたものです。

× ダイバーシティの説明です。
オフショアはシステム開発の一部を海外の開発業者に委託する開発手法です。

× Off-JT の説明です。CDP は,従業員の考え方や視野を広げるために, 1つの職種ではなく，多くの職種を経験させる能力開発を進めます。

× 上位者である上司も把握する必要があります。

× 日程の把握や計画をするために利用されるのは PERT（アローダイアグラム）です。

○ IE は経営工学の他に生産工学とも呼ばれます。ここで言う資源とは，ヒト・モノ・カネ・情報を指します。

**19.** 項目ごとのデータを円形で表し，全体に占める項目ごとの比率の把握に用いられるグラフは円グラフである。

**20.** 棒グラフを値が大きい順に並べ替え，その累積構成比（%）を折れ線グラフで表現したグラフをパレート図と呼ぶ。

**21.** 階級で区切った値を棒グラフ化したもので，階級ごとの値の比較に用いられるものをパレート図と呼ぶ。

**22.** 管理図は，上限と下限に 2 本の異常限界線があり，データから異常傾向がないかを読み取ることができる。

**23.** PERT では，ノード（イベント）を矢印，アクティビティ（作業）を丸で表す。

**24.** フィッシュボーンチャートでは，右端に書いた特性に向かって水平の矢印（背骨）を書き，その上下から斜めに要因を矢印で書きます。

**25.** 在庫管理で利用する分析手法の 1 つで，自社の商品の重要度を売上などから 3 段階に分類して分析・把握することを回帰分析と呼ぶ。

**26.** 問題解決に向けて，少人数のグループでアイデアを自由に出し合う手法を KJ 法と呼ぶ。

**27.** 親和図法は取引先の経営状態に応じて，取引可否や取引の規模を考え，取引相手の信用度に応じて債権（未回収分の売上金）の大小をコントロールすることなどのリスク管理のための分析手法である。

**28.** 考えうる選択肢を連ねて意思決定の過程を可視化し，それぞれの選択肢の期待値を比較検討することで，意思決定を助ける手法はディシジョンツリーである。

**29.** 企業会計における費用とは，商品・サービスの提供までに必要な金額のことを指し，その内容によって分類される変動費と固定費の合計である。

× 円グラフとは，項目ごとのデータを扇形で表し，全てを合わせると円（100%）になるグラフです。

○ 全体の項目の中で，それぞれの項目の占める割合が明確になり，優先度把握に役立ちます。ABC 分析などに用いられます。

× ヒストグラムの説明です。階級で区切るため棒の間に空白がないのが特徴です。

× 上限と下限の 2 本の線は異常限界線ではなく，管理限界線です。品質や製造工程が安定しているか判断するために使用します。

× ノード（イベント）を丸印，アクティビティ（作業）を矢印で表します。

○ 特性（課題や結果）の要因の関係を整理するために利用される図式です。

× ABC 分析の説明です。回帰分析は，2 つ以上項目間の関係を分析した上で，そこから把握したい値を予測するときに利用します。

× ブレーンストーミング（ブレスト）の説明です。KJ 法は，情報をカードに記述してグループごとにまとめ，図式や文書にまとめる手法です。

× 与信管理の説明です。親和図法は既存の知識では整理できない情報やアイデアなどを，類似性や関係性によってグループにわけ図式化します。

○ 決定木ともよばれる意思決定のための手法です。

○ 商品やサービスの売上には，商品提供に至るまでに必要な費用と企業の発展などに活用するために上乗せされる利益が含まれます。

**30.** 変動費は，材料·配送·人件費など販売量や生産量によって変化する費用，固定費は，土地・機械などの販売量に関係なくかかる費用のことを指す。

**31.** 商品提供のみで得た利益のことで，商品売上から商品原価を差し引いたものを営業利益と呼ぶ。

**32.** 販売管理費および一般管理費には，広告宣伝費や店舗の家賃や光熱費などは含まれるが，営業担当の人件費は含まれない。

**33.** 営業利益に営業外収支を加えた利益を経常利益，経常利益に特別収支を加えたものを純利益と呼ぶ。

**34.** 損失が出るか利益が出るかの分かれ目となる売上高や数量のことを損益分岐点と呼ぶ。

**35.** 損益分岐点は“損益分岐点＝ 売上高／(1 －変動費／固定費 )”という計算式で求められる。

**36.** 一般に企業が投資者や債権者などのステークホルダーに，経営状況や財務状況などの各種の情報を公開することを決算と呼ぶ。

**37.** 財務諸表のうち，企業の経営状況を把握するために，企業の一定期間の損益を表すものは損益計算書である。

**38.** 財務諸表のうち，特定の時点の企業の資産，負債，純資産をまとめ，企業の財政状態の把握に役立つものはキャッシュフロー計算書である。

**39.** 貸借対照表における資産は，現金預金，売掛金などの流動資産と，建物·機械など固定資産に分類される。

**40.** 1 年以上継続的に保有される資産のことを流動資産と呼び，1 年以内に現金化・費用化ができる繰延資産と分類される。

**41** ROI は企業が投資に見合った利益を生んでいるかどうかを判断するための指標である。

× 通常，売上の大小に関わらず発生する人件費は固定費に分類されます。

× 売上総利益の説明です。営業利益は，売上総利益から販売管理費及び一般管理費を差し引いた金額を指します。

× 販売管理費として営業担当の人件費は含まれます。また，管理費として，事務職員の人件費などもこれに含みます。

○ 営業外収益とは金融機関との取引で発生する利息などです。特別収支には，企業が保有する固定資産の売却損益などが含まれます。

○ 固定費を含めた総費用＝売上になる点が損益分岐点です。

× 正しい計算式は，損益分岐点＝ 固定費／(1 ー変動費／売上高 )です。

× ディスクロージャーの説明です。決算は，1 年間（会計年度）の収益と費用を計算し，その財産状況を明らかにすることを指します。

○ 一定期間とあるので損益計算書になる。P/L とも呼ばれます。

× 貸借対照表（B/S）の説明です。キャッシュフロー計算書は，会計期間における収入と支出を営業活動，投資活動，財務活動ごとにまとめたものです。

○ 同様に，負債は，流動負債（未払金，買掛金など）と固定負債（社債，長期借入金など）に分類されます。

× 1 年以上継続的に保有される資産のことを固定資産と呼びます。1 年以内に現金化・費用化ができる資産が流動資産です。

○ ROI は，次の式で求められます。
ROI（%）＝ 利益 ÷ 投資額　× 100

# 1-2 法　務

**正誤判定** 次の説明文が正しいか誤っているか答えなさい。

**42.** 著作権は「思想または感情を創作的に表現したものの内，文学･学術･美術・音楽の範囲に属する」著作物に対する知的財産権であると定義されている。

**43.** 制作者である著作者には，著作者公表権と著作財産権が与えられる。

**44.** 著作財産権は，複製権，上映権・演奏権など著作物を財産として扱う権利で，譲渡することはできない。

**45.** 著作財産権は，一部を除き，著作者の没後 50 年で失効する。

**46.** 音楽・映画・絵画・コンピュータプログラム・アルゴリズムは著作権の対象となるが，プログラム言語・アイデアは対象とならない。

**47.** 一定期間の試用の後に継続利用する場合にライセンス料を支払うソフトウェアライセンス形態をシェアウェアと呼ぶ。

**48.** フリーウェアは著作権の対象とならない。

**49.** 主にインターネットで配布される著作権を放棄した無料のソフトウェアのことをシェアウェアと呼ぶが，日本の著作権法では著作者人格権は放棄できないため，シェアウェアは存在せず，ほとんどがフリーソフトウェアとして扱われる。

**50.** 産業財産権には，特許権，実用新案権，意匠権，商標権の 4 つの権利が含まれ，それぞれ特許法，実用新案法，意匠法，商標法によって権利が守られている。

## 正誤判定 解答・解説

○ 著作権法の中で「思想または感情を創作的に表現したものの内，文学・学術・美術・音楽の範囲に属する」著作物と定義されています。

× 著作者公表権ではなく，著作者人格権です。

× 著作財産権は譲渡可能な権利です。なお，公表権，氏名表示権，同一性保持権が含まれる著作者人格権は譲渡できません。

○ なお,著作者人格権は著作者が亡くなると同時に権利が失効します。

× アルゴリズムは著作権の対象とはなりません。

○ 一般的に試用期間が過ぎると，該当ソフトウェアの利用に制限が発生し，正常に利用ができなくなります。

× 無料でもコンピュータプログラムなので,著作権の対象となります。

× シェアウェアではなくパブリックドメインソフトウェアの説明です。シェアウェアは，試用期間後も利用する場合にライセンス料を支払うソフトウェアのことです。

○ 企業のアイデアや技術，デザインなどの権利を総称して産業財産権と呼びます。

51. 特許権とは，発明の保護と利用を図る権利であり，物品の形状，構造，組み合わせに係る考案も保護対象となる。

52. 自分の顔や姿を無断で　写真や絵画にされ，公表されないための権利を意匠権と呼ぶ。

53. 商標のうち，役務（サービス）に表示するものをサービスマークと呼び，医療関連サービスマークなどがある。

54. 不正競争防止法は，事業者間の公正な取引と国際約束の的確な実施を確保するために制定された法律である。

55. 特定の個人を識別することができないように個人情報を加工し，当該個人情報を復元できないようにした情報のことを要配慮個人情報と呼ぶ。

56. 他人の ID を無断利用したコンピュータへの侵入や，セキュリティホールを突いたシステムへの侵入といった悪意のある行為をワームと呼ぶ。

57. システム担当者の判断で，部下の ID やパスワードであれば，その上司に提供してもかまわない。

58. パスワードは失念の危険性があるため，なるべく変更しないほうがよい。

59. ID ロックとは，利用者が特定の回数パスワードを間違えた場合に ID を使用できなくすることである。

60. システム管理者は，セキュリティ上対応が必要なセキュリティホールが発見された場合は，ただちに対策を行うべきである。

61. コンピュータ不正アクセス対策基準は経産省が策定し，ID やパスワードの管理，情報管理から事後対応，教育までさまざまな対策がまとめられている。

×　物品の形状，構造，組み合わせに係る考案を保護する権利は，実用新案権です。

×　肖像権の説明です。意匠権は，物品のデザイン（形状･模様･色彩）を保護する権利です。

○　商標は字・図形・記号など商品やサービスを認識するための標識のことです。

○　競争相手の悪評を流す，商品やアイデアを真似する，開発技術や営業秘密（トレードシークレット）を盗む，といった不正な行為を禁止しています。

×　匿名加工情報の説明です。要配慮個人情報は，本人の人種，信条，社会的身分，病歴などにより不利益が生じないようにその取扱いに特に配慮を要する個人情報です。

×　不正アクセスと呼びます。ワームはコンピュータに侵入し破壊活動などを行う“悪意のあるプログラム”を指します。

×　パスワードなどの重要な個人情報は，本人の同意なしに第三者に提供してはいけません。

×　安全性確保のため，定期的にパスワードは変更すべきです。

○　ID ロックの解除には，通常，管理者への連絡が必要になります。

×　対策は必要ですが，その重要度や対策に伴って発生する可能性のあるシステムへの影響などを考慮した上で対策を行うべきです。

○　コンピュータ不正アクセスによる被害の予防，発見及び復旧並びに拡大及び再発防止について，実行すべき対策をとりまとめたものです。

**62.** 労働基準法は，労働者・使用者の定義，労働時間，最低賃金などを定めている。

**63.** 守秘義務とは職務上で知った秘密を，正当な理由なく漏らしてはならない義務のことで，公務員，医師など特定の職種については法律で定められている。

**64.** 一定期間（1 か月以内）の総労働時間を事前に定め，その時間内で労働者が就業開始時刻と終了時刻を自主的に決定し働く労働形態が裁量労働制である。

**65.** 労働者派遣法では，労働者派遣事業に関して，派遣会社が守らなければならない基準・ルールが定められているが，派遣先会社についての内容は含まれない。

**66.** 雇用関係にない人間を，他社にさらに派遣することは，偽装請負とみなされ認められていない。

**67.** 派遣社員への指揮命令権があるのは派遣先である。

**68.** 下請法の対象となるのは，製造委託，修理委託，情報成果物作成委託，役務提供委託（建設工事を除く）である。

**69.** 下請法に定められている親事業者が守るべき支払期日は，受領日から 60 日以内である。

**70.** PL 法は，製品の欠陥により，使用者が損害を被った場合に，被害者が製造会社などに対して損害賠償を求めることを認めた法律である。

**71.** PL 法は，被害者である使用者と購入者が異なる場合は適応されない。

**72.** 特商法では，オプトインメール（事前承諾のない顧客に対する電子メール）広告が禁止されている。

× 最低賃金は，最低賃金法で定められています。

○ 一般の企業においては，雇用契約の中で守秘義務を定めている場合が多く，現実的に守秘義務はどの労働者にとっても課せられています。

× フレックスタイム制の説明です。裁量労働制は，みなし労働時間を定めて給与を確定し，仕事の進め方や時間配分を従業員にゆだねる労働形態です。

× 派遣先会社についても基準・ルールが定められています。

× 偽装請負ではなく二重派遣です。偽装請負は，請負元の社員に対して指揮命令を行う違反行為です。

○ 派遣契約では，派遣先に指揮命令権がありますが，請負契約の場合の請負元の労働者への指揮命令権は請負元にあります。

○ 下請法は，下請取引において，親事業者の下請事業者に対する取引を公正なものとし，下請事業者の利益を保護することを目的とした法律です。

○ 他に，支払期日，給付内容，下請代金，支払方法などが書かれた書面の交付や親事業者の遵守事項なども定められています。

○ 使用者が生命，身体または財産に損害を被った場合に，損害賠償を求めることができます。

× 被害者である使用者と購入者が異なる場合でも適用されます。

× オプトインメールは，顧客に事前承諾をとった電子メール広告であり，禁止されていません。

**73.** 資金決済法では，金融機関だけに認められていた為替取引が，規定に従って登録した資金移動業者にも認められ，電子マネーなどの取り扱いなどについても触れている。

**74.** 法令順守とは，企業活動において法令をきちんと守ることであり，各種基準や倫理について対応することをコンプライアンスと分けて呼ぶ。

**75.** ネチケットとは，メール，ネットコミュニティなどで守るべきルール・倫理規定を指す。

**76.** メールでファイルを送る際は，複数回に分けると受信者が面倒になるため，ファイルのサイズに関わらず一度のメールで送るほうがよい。

**77.** 経営活動の健全化を目的とした取り組みを，コーポレートファイナンスと呼ぶ。

**78.** 公益通報者保護法は，企業の内部統制を強化するための法律で，経営者自らが評価する報告を作成し，公認会計士または監査法人の監査証明を受け，事業年度ごとに内閣総理大臣に提出する義務が明記されている。

**79.** 企業には，透明性の高い経営の実現や，市場・顧客への説明責任を果たすために財務状況や顧客情報などの情報開示が求められる。

**80.** 組織の健全な運営のための基準や手続きを定め，運用することを内部統制と呼ぶ。

**81.** 行政機関の保有する情報の公開に関する法律では，独立行政法人が作成した文書については，誰でも情報開示請求をすることで確認することができる。

**82.** 産業分野において，製品の技術的な仕様を共通化または互換性をもたせることを標準化と呼ぶ。

○ 金融分野における IT の活用に関連する法律として制定されたもので，資金決済サービスの適切な運営などについて定められています。

× コンプライアンスと法令順守は同義であり，ともに法令だけでなく各種基準や倫理についての対応を求められます。

○ インターネット上のエチケットを略した造語です。

× 大容量のファイルを一度に送ると，相手に迷惑がかかるか，受信できない可能性が生じるので，好ましくありません。

× コーポレートガバナンス（企業統治）の説明です。

× 公益通報者保護法は，企業のコンプライアンス経営を強化するための法律で，公益通報を理由にする通報者の解雇の無効や，公益通報に関し事業者や行政機関がとるべき措置などを定めています。

× 顧客情報を開示してはいけません。

○ コーポレートガバナンス（企業統治）の一環として体制強化の取り組みが求められています。

× 独立行政法人ではなく国の行政機関の情報開示請求ができます。独立行政法人には同様の独立行政法人情報公開法があります。

○ 公的機関によって標準化基準が定められ，販売者や利用者が利用しやすく，また製造元にとっても技術標準として利用できるメリットがあります。

**83.** デファクトスタンダードとは，公的機関の標準化基準によって認められた，特定業界の規格のことを指す。

**84.** 数値の代わりに，縦縞の太さや組み合わせで数値や文字を表し，なぞるだけで情報を読み取ることができるものをバーコードと呼ぶ。

**85.** JAN コードは，世界中で広く利用されているバーコードの規格で，日本国内においても利用されている。

**86.** 黒と白のパターンで情報を表し，バーコードより多くの情報を記載できるものを QR コードと呼ぶ。

**87.** ISO（国際標準化機構）は，JAN コードや QR コードなどの標準化コード分野の規格を策定している標準化団体である。

**88.** IEEE は，IEEE802.3（無線 LAN）や IEEE1394（機器接続）などの電気・電子技術分野の規格を策定している標準化団体である。

**89.** W3C は，HTML（WWW 記述言語）などの規格を策定するインターネット上の言語表記技術分野の標準化団体である。

**90.** JICA は，JIS X 0208（日本語文字コード）JIS X 0213（日本語文字コード）などの JIS 規格（日本工業規格）を策定している。

| | |
|---|---|
| × | 市場競争によって業界標準として認められた規格をデファクトスタンダードと呼びます。 |
| ○ | 商品に表記されていて，主にレジスターでの精算や在庫管理などで使われています。 |
| × | JAN コードは，欧米で利用されているバーコードと互換性はありますが，日本国内で規格化され利用されているバーコードです。 |
| ○ | 携帯電話の QR コードリーダー機能の普及に伴い，広く利用されるようになりました。<br>※「QR コード」は（株）デンソーウェーブの登録商標です。 |
| × | ISO9000（品質マネジメントシステム）や ISO14000（環境マネジメントシステム）など電気分野を除く工業分野の規格を策定しています。 |
| ○ | 一般的に IEEE はアイトリプルイーと読みます。電気電子学会の略称になります。 |
| ○ | HTML の他，XML（WWW 記述言語），CSS（HTML などの装飾）などの規格も策定しています。 |
| × | JSA の説明です。なお，JSA は日本規格協会の略称です。 |

# 第2章 経営戦略

## 正誤判定 次の説明文が正しいか誤っているか答えなさい。

**91.** CSとは，Company Satisfactionの略で，その企業で働く従業員の職場環境や待遇に対する満足度を示す言葉である。

**92.** 競合他社よりも，顧客にとってより良い価値を提供する仕組みを競争優位と呼ぶ。

**93.** 競争優位につながる競合他社が簡単に真似できない強みのことを，コーポレートガバナンスと呼ぶ。

**94.** 一部の企業では，経営の効率化を図るために，自社の業務の一部をその業務の専門企業に任せるアライアンスを活用する。

**95.** 自社製品の市場におけるポジション，競争優位などを把握することは，適切な経営戦略マネジメントを行う上で重要である。

**96.** 持ち株会社とは，工場を所有せずに製造業としての活動を行う企業のことを指す。

**97.** M&Aの手法の1つで，企業の経営陣が自身が所属している企業や事業部門を買収して独立する手法をMBOと呼ぶ。

**98.** 事業の領域を広げてバリューチェーンの効率化を図るために，自社の仕入先や販売先とのM&Aやアライアンスを行うことを垂直統合と呼ぶ。

# 2-1 経営戦略マネジメント

## 正誤判定 解答・解説

| | |
|---|---|
| × | CS は，Customer Satisfaction の略で，顧客満足度とも呼ばれ，企業や製品の評価につながる顧客の満足度を表します。 |
| ○ | 企業は，この競争優位の獲得・維持のために様々な取り組みを行います。 |
| × | コア・コンピタンスの説明です。コーポレートガバナンスは，経営活動の健全化を目的とした取り組みのことを指します。 |
| × | アライアンスではなく，アウトソーシングです。アライアンスは，企業間の提携を指します。 |
| ○ | 加えて，市場の動向などを把握することも重要です。 |
| × | 持ち株会社ではなくファブレスの説明です。生産活動は，外部企業に全て委託していることになります。 |
| ○ | MBO と同様に株式を買収する手法の 1 つで，経営陣ではない株主が買収することを TOB と呼びます。 |
| ○ | 垂直統合には，原材料の調達力強化などを狙って事業領域を拡大する川上統合と，販売・マーケティング活動などに事業領域を拡大する川下統合があります。 |

**99.** ベンチマーキングとは，顧客のニーズなどに応じて，原材料の調達から製品が顧客の手に渡るまでの過程を最適化する経営手法のことである。

**100.** SWOT 分析は，経営戦略構築のための情報分析のほかに経営戦略の評価にも使われる，企業の外部環境と内部環境の情報を分析するための手法である。

**101.** PPM では，市場の成長率と市場における自社の占有率（シェア）を元に，市場成長率が高くシェアも大きい製品を「金のなる木」，市場成長率が低いがシェアは大きいものを「花形製品」，市場の成長率は高いがシェアが小さいものを「負け犬」，市場の成長率が低くシェアも小さいものを「問題児」と分類する。

**102.** 3C 分析は，自社，競合，コミュニケーションの３つの点から KSF（目標達成のための成功要因）を見つけ出し，企業の全体像や特徴（強み・弱み）を分析する経営戦略手法である。

**103.** 表計算ソフトは，その名の通り関数などを用いた表計算に特化したオフィスツールであり，統計分析やデータ収集・蓄積や絞り込みなどはデータベースソフトを活用する必要がある。

**104.** マーケティングの基本的な考え方である「マーケティングの 4P」とは，製品（Product），価格（Price），流通・売り場（Place），人（People）の４つの視点から戦略を練る考え方である。

**105.** マーケティングの 4C とは，顧客にとっての価値（Customer Value），顧客の負担（Cost to the Customer），入手の容易性（Convenience），コミュニケーション（Communication）の４つの顧客視点を重視した考え方を指す言葉である。

**106.** 市場を地理の視点で分類し，その分類ごとに展開するマーケティング手法をセグメントマーケティングと呼ぶ。

×　ロジスティクスの説明です。ベンチマーキングは，自社の企業活動を継続的に測定・評価し，競合や優良企業の経営手法と比較する分析手法です。

○　内部環境を「強み」と「弱み」，外部環境を「機会」と「脅威」に分類して分析を行います。

×　市場成長率が高くシェアも大きい製品＝「花形製品」
市場成長率が低いがシェアは大きいもの＝「金のなる木」
市場の成長率は高いがシェアが小さいもの＝「問題児」
市場の成長率が低くシェアも小さいもの＝「負け犬」

×　コミュニケーションではなく，市場，顧客（Customer）です。自社（Company），競合（Competitor）と合わせて 3C となります。

×　表計算ソフトでも簡単な統計分析やデータの蓄積や絞り込みが可能なものが存在します。

×　人（People）ではなく，販売促進・広告（Promotion）と，製品（Product），価格（Price），流通・売り場（Place）の 4 つの視点です。

○　マーケティングの 4C に対して，マーケティングの 4P は企業側からの視点となり，製品・サービス（Product），価格（Price），流通・売り場（Place），広告（Promotion）を指します。

×　地理以外の視点で分類し，その分類（セグメント）ごとに展開するマーケティング手法です。

**107.** 特定の分野や消費者に対してターゲットを絞ったマーケティング手法をニッチマーケティングと呼ぶ。

**108.** 顧客1人ひとりの価値観や嗜好などを把握し，その要求に合わせたアプローチをする手法をワントゥワンマーケティングと呼ぶ。

**109.** 自由競争の結果，自社商品と競合商品が特徴の違いが不明瞭になり，市場において差別化されにくくなる状態をコモディティ化と呼ぶ。

**110.** 「製品」と「市場」をそれぞれ「既存」と「新規」に分け，その組み合わせから成長戦略を「市場浸透」「製品開発」「市場開拓」「多角化」の4つに分類し，企業の成長戦略の方向性を分析・評価するための分析ツールはBSCである。

**111.** 企業が卸・小売店に対して，販売奨励金を出す，販売応援要員を派遣するといった販売促進を図る戦略をプッシュ戦略と呼ぶ。

**112.** SSDとは，インターネットの発展に伴い重要視されるようになった，検索エンジンに関係するマーケティング活動を指す。

**113.** 商品購入などの行動履歴や登録情報からユーザーの興味分野を分析し，ユーザーごとに興味を持ちそうな情報を表示するサービスのことをディジタルサイネージと呼ぶ。

**114.** BSC（バランス・スコア・カード）とは，ビジネス戦略や各業務の評価をし，見直しを行うために使われる情報分析手法である。

**115.** BSCは，企業の過去・現在・未来を，商品の視点，顧客の視点，業務プロセスの視点，学習と成長の視点という4つの視点から評価する。

**116.** KGIとは，目標実現や戦略実現のための業務プロセスを評価する指標の1つで，何を持って成果とするかを定性的に定めたもので，成果を数値で示したものです。

○ 逆に，対象を特定せずに，すべての消費者にマーケティング活動を行う手法をマスマーケティングと呼びます。

○ 顧客からの要求のことをニーズと呼びます。顧客１人ひとりのニーズに応えるため，一般的にコストはかかりますが，成約率は高くなります。

○ 同一カテゴリー内での競争の結果，最も需要がある特徴や価格に集約していくことで起きる現象です。

× アンゾフの成長マトリクスの説明です。
BSCは財務の視点，顧客の視点，業務プロセスの視点，学習と成長の視点から企業の目標を明確にする経営分析手法です。

○ 消費者に対して営業担当者が直接，売り込みをするだけでなく，様々な方法で販売促進を図ります。

× SEM（Search Engine Marketing）の説明です。SSDはHDDに代わる新しい記憶媒体のことです。

× レコメンデーションの説明です。
ディジタルサイネージは，ディスプレイやプロジェクタなどによって映像や情報を表示する広告媒体のことです。

○ 企業のビジョンや戦略がどのように業績に影響しているのかを可視化する業績評価の手法ともいえます。

× 商品の視点ではなく，財務の視点です。財務の視点は過去の情報として，企業の財務状態を分析・評価・見直しし，財務状況の向上につなげます。

× 定性的ではなく定量的に定めたものです。具体的には，売上高や利益額をKGIとすることが多いようです。

**117.** 目標実現のために重要な成功要因を明らかにする手法はVE（バリューエンジニアリング）である。

**118.** VEは，製品・サービスの機能をコストで割りその価値を把握し，その上で機能強化とコスト削減を並行して進め，企業の競争優位を高める手法である。

**119.** CRMは，顧客データベースを作成し，購入履歴などを管理することで，顧客を囲い込み，長期的な関係を築くために活用する手法である。

**120.** 顧客の電話応対システムで，大人数のオペレータによる業務を可能にするCRMシステムはコールセンターシステムである。

**121.** CSRとは，コールセンターシステムと組み合わせて利用する，電話やFAXをコンピュータにつないだシステムで，即座に顧客情報をオペレータに表示することなどができるCRMシステムである。

**122.** SLAは，一元化された顧客情報データベースから顧客情報を分析，抽出するなどの機能を持つ営業支援を行うCRMシステムである。

**123.** 資材調達から製造，流通，販売までを一連の流れと捉えて，参加する部門や外部企業との情報共有によって業務の効率化を目指す手法をSCMと呼ぶ。

**124.** 業務・機能単位で価値とコストを加えていき，その最終的な価値を向上させ，競争優位につなげることを目的に，外部企業との連携や外注なども視野に入れながら業務改善を進める手法をPDCAサイクルと呼ぶ。

**125.** シックスシグマとは，徹底した品質管理をする中で，製造工程をはじめとする各工程での品質の"ばらつき"を減らすよう，原因追求と対策をすることで，品質を追求し顧客満足度の向上などにつなげる経営手法である。

| | |
|---|---|
| × | CSF（主要成功要因）の説明です。CSFは，戦略レベルだけでなく，部門や個人といったレベルまで分析します。 |
| ○ | 単なるコストダウンではなく，商品の品質や性能に影響を及ぼさずに創意工夫を進める点がVE（バリューエンジニアリング）のポイントです。 |
| ○ | 顧客関係管理の略であり，顧客満足度の向上を目指すことで，より良い関係を築くことが求められます。 |
| ○ | 顧客の情報を参照できるため，顧客開拓やマーケティング活動にも利用されます。 |
| × | CTI（Computer-Telephony Integration）の説明です。CSRは企業の社会的責任を指す言葉です。 |
| × | SFA（Sales Force Automation）の説明です。SLAは，サービス事業者と利用者の間でサービスの品質の水準や保証について交わされる合意です。 |
| ○ | 供給連鎖管理（Supply Chain Management）の略です。一連の商品供給の流れを供給連鎖（サプライチェーン）と呼びます。 |
| × | VCM（バリューチェーンマネジメント）の説明です。PDCAサイクルは，Plan，Do，Check，Actを繰り返すことで業務改善を進める経営手法で，商品価値の向上のみを目的として活用されるものではありません。 |
| ○ | TQC（Total Quality Control：全社的品質管理）を発展させた手法で，品質管理だけでなく経営管理にまで利用されています。 |

# 2-2 技術戦略マネジメント

**正誤判定** 次の説明文が正しいか誤っているか答えなさい。

**126.** 技術の研究開発の成果を経済的な価値にする経営のことをナレッジマネジメントと呼ぶ。

**127.** 研究開発，製造，物流の各業務プロセスにおける改革のことをプロダクトイノベーションと呼ぶ。

**128.** 匿名制のアンケートを実施し，複数の専門家が持つ直観的な意見や経験からの判断をもとに技術動向や製品動向を集約し，技術戦略の立案のために必要な分析をする手法をブレーンストーミングと呼ぶ。

**129.** デルファイ法は，専門家を招き，直接専門家同士が顔をあわせて話し合う手法である。

**130.** 研究開発より得られた新技術を事業化した時に，市場においてその事業を成功させるために存在する障壁のことを死の谷と呼ぶ。

**131.** 技術開発戦略を元に，具体的な技術開発計画を立てます。技術開発計画に基づき，リリース予定をまとめた図表をロードマップと呼ぶ。

**POINT**

第2章の範囲で最頻出といえば，マーケティング分野の内容です。
それぞれの名称だけでなく特徴が問題として取り上げられることが多いようです。特に重要な，SWOT分析・PPM・マーケティング活動の分類をまとめておきましょう。

**SWOT分析**

| SWOT分析から見る戦略方針 | | 外部環境 | |
|---|---|---|---|
| | | 機会 | 脅威 |
| 内部環境 | 強み | 強みを活かす | 縮小を検討する |
| | 弱み | 弱みを克服する | 撤退を検討する |

**PPM**

| PPMの分類（戦略方針） | | 市場成長率 | |
|---|---|---|---|
| | | 高い | 低い |
| シェア | 大きい | 花形製品（成長から維持） | 金のなる木（安定利益） |
| | 小さい | 問題児（育成） | 負け犬（撤退） |

## 正誤判定 解答・解説

| | |
|---|---|
| × | MOT（Management Of Technology：技術経営）の説明です。ナレッジマネジメントは，情報や知識を共有し，組織全体で有効活用することで，業務改善や業績向上につなげる経営手法です。 |
| × | プロセスイノベーションの説明です。プロダクトイノベーションは，製品に関する技術革新のことを指します。 |
| × | デルファイ法の説明です。ブレーンストーミングは，問題解決のためなどに行われるアイデア出しの手法になります。 |
| × | パネルディスカッションの説明です。デルファイ法は，他の専門家の影響を排除するために匿名アンケートを利用します。 |
| × | ダーウィンの海の説明です。死の谷（デスバレー）は，技術経営において，研究開発したものを事業化するうえで存在する障壁のことを指します。 |
| ○ | ロードマップは，専門家や投資家，他企業にとって製品動向や技術動向の貴重な資料にもなります。 |

### マーケティング活動の分類

| 手法 | 説明 |
|---|---|
| マーケティングの4P | 製品(Product)，価格(Price)，流通・売り場(Place)，販売促進・広告(Promotion)の4つの視点から戦略を練る考え方です。 |
| マスマーケティング | 対象を特定せずに，すべての消費者にマーケティング活動を行う手法です。 |
| セグメントマーケティング | 市場を地理以外の視点で分類(セグメンテーション)し，そのセグメントごとに展開する手法です。セグメントで絞り込んで活動する方法もあります。 |
| パーミッションマーケティング | 事前に許諾(パーミッション)を得た顧客に対し，販売促進(製品情報の配信など)を行う手法です。顧客との関係を築きやすい利点があります。 |
| ニッチマーケティング | 特定の分野や消費者に対してターゲットを絞ったマーケティング手法です。市場の隙間を狙います。 |
| ワントゥワンマーケティング | 顧客１人ひとりの価値観や嗜好，環境などを把握し，その要求(ニーズ)に合わせて異なるアプローチをする手法です。 |

# 2-3 ビジネスインダストリ

**正誤判定** 次の説明文が正しいか誤っているか答えなさい。

**132.** 商店などで利用される商品管理システムで，主にバーコードを利用し，在庫情報や顧客の購買情報を更新･管理するものを，POSシステムと呼ぶ。

**133.** RFIDは，ICチップをプラスチック製のカードなどに組み込んだもので，情報量とセキュリティに優れ，金融機関などで利用されている。

**134.** 貨幣価値を持つ電子情報で，決済に利用することができる電子マネーには，先払いのポストペイ方式と後払いのプリペイド方式がある。

**135.** ETCシステムとは，人工衛星を利用し自分がどこにいるのかを割り出すシステムで，携帯電話や車のナビゲーションシステムに利用されている。

**136.** RFIDの技術を利用し食品の生産元を確認できるサービスをトレーサビリティと呼ぶ。

**137.** 電力の流れを供給側・需要側の両方から制御できる専用の機器やソフトウェアが，送電網の一部に組み込まれていて，電力の流れを最適化できる送電網をスマートグリッドと呼ぶ。

**138.** 企業のあらゆる資源を統合的に管理，活用するための手法を実現するソフトウェアパッケージをERPパッケージと呼ぶ。

**139.** 営業支援，販売管理，労務，会計など業務の内容に応じて必要な機能を持たせたソフトウェアパッケージを業種別ソフトウェアパッケージと呼ぶ。

**140.** AIはニューラルネットワークと呼ばれる数理モデルを持ち，その成長のためにディープラーニングを進める。

## 正誤判定 解答・解説

| | |
|---|---|
| ○ | 販売時点情報管理とも呼びます。 |
| × | IC カードの説明です。RFID は，IC タグと呼ばれる IC チップを無線で認識するシステムです。 |
| × | 先払いがプリペイド方式，後払いがポストペイ方式です。 |
| × | GPS 応用システム（世界測位システム）の説明です。ETC システムは，高速道路におけるノンストップ自動料金収受システムです。 |
| ○ | 食品の流通経路を生産段階から最終消費段階あるいは廃棄段階まで追跡が可能なサービスです。 |
| ○ | 次世代送電網と呼ばれます。省エネルギー対策となる技術として注目されています。 |
| ○ | ERP は企業資源計画の略です。この手法を実現するために必要なソフトウェアをまとめたものを ERP パッケージと呼びます。 |
| × | 業務別ソフトウェアパッケージの説明です。業種別ソフトウェアパッケージは，製造業向け，金融業向けといった業種に特化したものを指します。 |
| ○ | ディープラーニングは，コンピュータ自らが様々なデータに含まれる潜在的な特徴をとらえ分析し，より正確で効率的な判断を実現させる学習です。 |

141. e-Tax は，住基カードという IC カードで，行政手続の電子申請・届出システムなどを利用できるサービスである。

142. CAD は，コンピュータを用いて設計を行うエンジニアリングシステムで，自動車・航空機から非常に小さな工業製品の設計までこなすことができ，3D 設計にも強い。

143. CAM は，CAD に対抗するエンジニアリングシステムであり，CAD 同様の設計を行うだけでなく，設計データを元に生産準備全般を行うエンジニアリングシステムである。

144. FA はコンピュータを用いて，工場を自動化するエンジニアリングシステムであり，人による作業を産業ロボットに任せることで，作業量の削減や効率と安全性の向上を図ることができるが，導入・維持コストが高いという弱点がある。

145. CIM は，生産現場における製造情報，技術情報，管理情報といった様々な情報を一元管理し，生産の効率性を高めるシステムである。

146. センシング技術は，観測技術の総称で，最近では遠隔地にある対象を観測するためのリモートセンシングが広く行われている。

147. コンカレントエンジニアリングとは，"必要な物を，必要な時に，必要な量だけ"生産することで，工程間の在庫を最小限にすることで無駄を省き，一方で完全受注生産に比べ，ある程度の在庫を維持することで待ち時間の生じない効率的な調達・製造を可能にする生産方式である。

148. FMS は工作機械を使用し自動生産する生産システムであり，人間を介さず無人生産を可能にすることで，生産容量や稼働率の向上を見込めるが，小数生産には向いていない。

149. EC(電子商取引)には，販売チャネルの拡大や顧客の囲い込みやマーケティングがやりやすいというメリットがあるが，一方で，実店舗に比べてシステム利用料などの維持コストが膨大になるというデメリットがある。

× 住民基本台帳ネットワークシステムの説明です。e-Taxは，国税電子申告・納税システムです。

○ 設計に必要なデータの再利用や人の手で設計するには細かすぎる情報まで効率的に取り扱うことができます。

× CAMは，CADで設計されたデータを元に生産準備全般を行うエンジニアリングシステムであり，CADと組み合わせてCAD/CAMシステムと呼ばれます。対抗するシステムではありません。

× FA（Factory Automation）は工場の自動化の略です。導入時のコストはかかりますが，長期的にみると製造コストを下げることにもつながります。

○ コンピュータ統合生産の略で，販売部門や流通部門の情報と連携することで，さらに統合的な管理を行うことが可能になってきています。

○ 資源探査や火山活動の把握，海洋調査などがこれにあたります。

× JIT（ジャストインタイム），通称カンバン方式の説明です。
コンカレントエンジニアリングとは，商品設計から製造・出荷にいたる様々な業務を同時並行的に行う開発手法です。

× FMSは，多種製品の製造，生産量の増減や製品の少数生産にも向いています。

× 地代や従業員の人件費などが大きくなる実店舗に比べると，一般的にECサイトの運営のほうがコストはかかりません。

**150.** C to C とは，個人対個人の取引形態で，一般的なインターネットショッピングがこれに該当する。

**151.** B to G とは，企業と従業員の取引を指し，自社製品の売買だけでなく，社内教育や業務支援の取引もこれに該当する。

**152.** ヒット商品ではない販売機会の少ない商品でも，多品種少量販売によって，全体の売り上げを大きくするインターネット販売のマーケティング手法，または考え方をニッチ戦略と呼ぶ。

**153.** 複数のオンラインショップが連なる Web サイトを電子マーケットプレイス，インターネット上に設けられた企業間取引所をオンラインモールと呼ぶ。

**154.** 仮想通貨は，インターネット上の支払い手段として利用できるが，小売店での決済手段としては利用できない。

**155.** リスティング広告は，ブログなどに商品情報などを掲載し，閲覧者が広告をクリックまたは商品の購入など定められた行動をとった場合に，広告の管理事業者から成果報酬を得る広告手法である。

**156.** 標準化された規約に基づいて電子化された注文書や請求書などのビジネス文書をやり取りする企業間取引，また，そのための仕組みは EDI である。

**157.** 悪意の第三者が金融機関や EC サイトなどの企業を装い，個人情報や決済情報などを不正に収集し悪用することをフィッシング詐欺と呼ぶ。

**158.** 電子機器は，家庭で使用される電化製品や通信機器のことを指す家庭機器，産業機械や公共機関で使用される機器を指す民生機器の 2 つに分けられる。

× インターネットオークションなどがこれに該当します。インターネットショッピングはB to C（企業対個人取引）に該当します。

× B to E の説明です。企業内における情報伝達の概念として扱うこともあります。B to Gは，企業と政府や公共機関との取引を指します。

× ロングテールの説明です。
これまでは難しいとされてきましたが，インターネットを活用することで，低コストで数多くの商品を扱えるようになったため，実現が可能になりました。

× 電子マーケットプレイスが，インターネット上に設けられた企業間取引所，オンラインモールが複数のオンラインショップが連なるWebサイトです。

× 仮想通貨は，主にインターネット上の支払いや金融サービスでの活用が一般的ですが，徐々に小売店の決済手段としても普及が進んでいます。

× アフィリエイト広告の説明です。
リスティング広告は検索エンジンの検索結果画面にキーワードに合わせて表示される成果報酬型のテキスト広告です。

○ 見積もり，受発注，決済などでやり取りされる情報を，あらかじめ定められた形式にしたがって電子データにすることで，スムーズな取引を実現します。

○ 個人情報（氏名，住所，電話番号など）や決済情報（クレジットカードの番号や銀行口座番号）がターゲットになります。

× 炊飯器や洗濯機など家庭で利用されるものを民生機器，産業ロボットや信号機など企業や公共機関で利用されるものを産業機器と呼びます。なお，ネットワークに相互接続された家電は，情報家電と呼ばれます。

**159.** ドローンは，車両の状態や道路状況などをセンサーによって取得し，インターネットを通じて共有・分析することで，自動車の快適性や安全性の向上を実現する。

**160.** ファームウェアは，ハードウェアとソフトウェアの中間という位置付けで扱われ，システム環境の変更に応じて更新する必要がある。

**161.** AI は人間によって指示された目的に合わせて自動的に学習してデータを蓄積し，人間の判断に基づいて該当するデータを提供する。

× コネクテッドカーの説明です。
ドローンは，無人飛行機のことで，一般的には小型の無人ヘリコプターのような形状のものが想像されますが，他の形状のものも存在します。

× ファームウェアは，電子機器に組み込まれたハードウェアを制御するためのソフトウェアです。

× AI( 人工知能）は，自動的に学習をしたのちに，自身の判断を伴う知的な処理を行います。

# 第3章 システム戦略

**正誤判定** 次の説明文が正しいか誤っているか答えなさい。

**162.** SFA は，営業活動を支援するための情報システムで，顧客情報の一元管理や商談の進捗状況や営業実績の管理,営業ノウハウの共有などが行える。

**163.** 各業務を分かりやすくまとめて表現したモデルのうち，業務の流れを表現したものをビジネスモデルと呼ぶ。

**164.** 企業の基幹システムや顧客情報を扱うシステムなど記録を主目的として構築されるシステムを SoR と呼ぶ。

**165.** 実体を示すリレーションシップと関連を示すエンティティを使い，データの関連図を作成するモデリング手法が実態関連図である。

**166.** 業務全体の流れを把握するモデリング手法である DFD では，プロセス（処理）を矢印，外部（データ源泉）を四角で表す，

**167.** BPR は，業務の効率化やコスト削減のために，既存業務の手順の見直しをした上で，業務の流れを再構築する手法である。

**168.** 業務を分析，設計した上で，実際に業務を実行，改善，再構築を繰り返し行いながら業務改善を行っていく業務管理手法が BPM である。

**169.** RPA を導入することで，ルールが定義できる請求書の処理や申請の処理などを自動化することで人為的なミスを防ぐことができる。

**170.** ファイル共有や電子メール，掲示板，スケジュール管理など従業員の業務に必要な情報のやり取りを支援するシステムをオフィスツールと呼ぶ。

# 3-1 システム戦略

## 正誤判定 解答・解説

| | |
|---|---|
| ○ | 顧客情報の一元管理機能が含まれるため，CRM のためのシステムとして捉えられるようになっています。 |
| × | ビジネスプロセスモデルの説明です。ビジネスモデルは，企業活動や構想，ビジネスのしくみを表現したもので「儲けのしくみ」とも表現されます。 |
| ○ | 類似語の SoE は，顧客とのつながりを主目的として構築されるシステムです。 |
| × | 実体がエンティティ，関連がリレーションシップです。それぞれの頭文字から E-R 図とも呼ばれます。 |
| × | プロセス（処理）は円で表されます。矢印はデータフロー（データの流れ）を表します。 |
| ○ | Business Process Re-engineering の略称であることからわかるとおり，再構築がポイントになります。(Re-engineering ＝再構築) |
| ○ | PDCA サイクルを取り入れた業務管理手法ということができます。 |
| ○ | RPA は，企業の間接業務を自動化する技術で，データの収集やシステムへの入力，単純なオフィス業務を自動化します。 |
| × | グループウェアの説明です。オフィスツールは，ワープロソフトや表計算ソフトなどをまとめたソフトウェアパッケージです。 |

**171.** IT 技術を活用した場所や時間の制約を受けない自由な勤務形態のことをシェアリングエコノミーと呼ぶ。

**172.** SNS は非商用が原則であり，広告や顧客の囲い込みといった企業のマーケティング活動に使うことはできない。

**173.** アウトソーシングとは，外部の専門業者が依頼元企業の業務の一部を委託されるサービスのことである。

**174.** 顧客企業が用意したサーバを預かり，ネットワークやセキュリティが整った環境を貸し出すサービスをホスティングサービスと呼ぶ。

**175.** 専門業者のサーバ上にあるソフトウェアやサービスをインターネット経由で，一般的に複数企業で利用するサービスを SaaS と呼ぶ。

**176.** PaaS は，インターネットを通じてシステムやアプリケーションの稼働環境を提供するサービスである。

**177.** IT 技術を用いることで事業の規模や内容を根本的に変化させるという概念を DX と呼ぶ。

**178.** データマートとは，企業が持つ様々な情報を整理し保管したものを指し，データウェアハウスは，データマートから利用目的に合わせて形式変換し，データベース化したものを指す。

**179.** 大量のデータを統計解析によって分析し，規則性や関係性を導き出すデータ活用手法をデータマイニングと呼ぶ。

**180.** 情報技術を使いこなせる人と使いこなせない人との間に生じる待遇や貧富，機会の格差を埋める教育を e- ラーニングと呼ぶ。

× テレワークの説明です。
シェアリングエコノミーは，製品やサービス，場所などを他の契約者と共有することで，より多くの商品を利用できる仕組みのことです。

× 広告掲載のほかに，ブログやメッセージ機能，コミュニティ機能などを活用したマーケティング活動が活発に行われています。

○ 外部委託とも呼ばれます。

× ハウジングサービスの説明です。ホスティングサービスは，専門業者が用意したファイルサーバーやWebサーバなどを貸し出すサービスです。

○ 似たサービスにASPがありますが,これは一般的に企業ごとにサーバを用意します。

○ PaaSはPlatform as a Serviceの略で、システムやアプリケーションの稼働環境（プラットフォーム）を提供するクラウドサービスです。

○ ディジタルトランスフォーメーション（DX）は，ITにより生活やビジネスがあらゆる面で改善されるという概念です。

× 企業が持つ様々な情報を整理し保管したものがデータウェアハウス，データウェアハウスから利用目的に合わせて形式変換し，データベース化したものをデータマートと呼びます。

○ 販売戦略や商品戦略などに役立てられています。

× e-ラーニングは，インターネット技術を活用した教育のことを指します。ディジタルディバイド（情報格差）解消に特化した教育ではありません。

# 3-2 システム化計画

**正誤判定** 次の説明文が正しいか誤っているか答えなさい。

**181.** システムの全体像を明確化する要素には，スケジュール，体制，リスク分析，費用対効果，運用範囲などが含まれる。

**182.** 業務の担当者のニーズのとりまとめに役立てるために，経営戦略と情報システム戦略に基づいた業務案件定義を行う。

**183.** 要件定義では，DFD の他に，システムの状態の種別とその状態が遷移するための要因との関係を分かりやすく表現する状態遷移図などの手法が利用される。

**184.** 一般的な調達の流れとして，最初に発注先候補に，技術動向や考えうる手段などシステムに必要な情報の提供を依頼する提案依頼書（RFP）を作成し配布する。

**185.** 発注先候補から提案書を提出された後，選定基準を明確化し発注先を選定し，見積書の提出を求める。

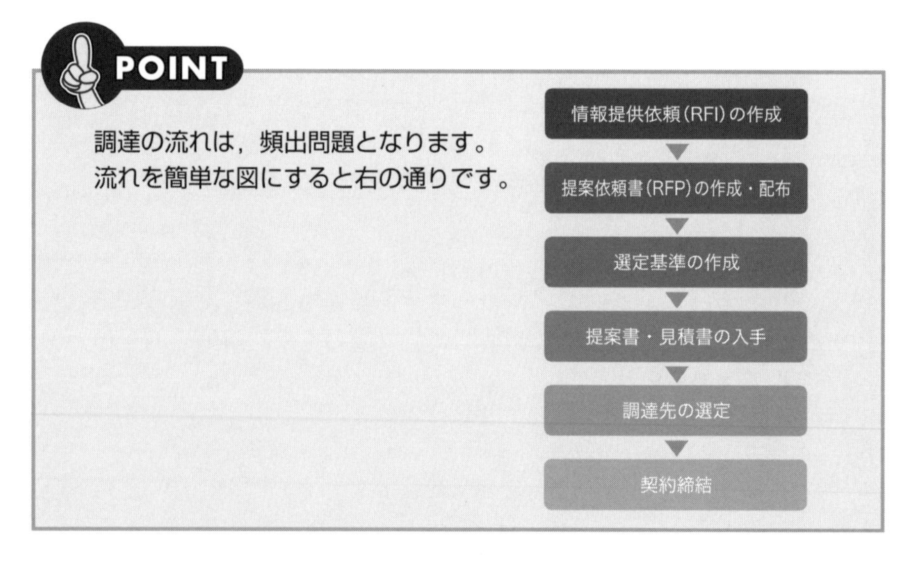

## 正誤判定 解答・解説

○ リスク分析とは，システム開発・運用で起こりうるリスクの分析と対処を検討することを指します。

× 業務案件定義は，システム化の適用範囲になる業務の担当者のニーズを考慮したうえで策定されます。

○ その他に，条件と処理を対比させた表形式で論理を表現した決定表などの手法も利用されます。

× 発注先候補にシステムに必要な製品の情報提供を依頼するものは情報提供依頼（RFI）です。提案依頼書（RFP）は，RFIを元に調達条件やシステムの概要をまとめたものです。

× 選定基準は提案書と見積書の提出前に作成します。また，提案書と見積書は通常，同時に提出されます。

### コラム

要件定義や調達の流れといった内容は，「第4章 開発技術」ではなく，「第3章 システム戦略」に含まれています。
要するに，これらの内容は，開発業務ではなく経営や企業の戦略に直結した範囲であるということです。
言い換えれば，開発者でない人にとっても知っていなければいけない内容といえるのではないでしょうか。
内容的にはずいぶんと敷居が高い気もしますが，経営とシステムが切っても切れない関係になっている以上，致し方ないのかもしれませんね。
どちらにせよ，ITパスポートを目指している皆さんは理解しておくべき範囲ですから，開発者志向か否かを問わず，きちんと勉強しておきましょう。

# 第4章 開発技術

**正誤判定** 次の説明文が正しいか誤っているか答えなさい。

**186.** 一般的なソフトウェア開発は，要件定義，システム設計，プログラミング，ソフトウェア受入れ，テスト，ソフトウェア保守というプロセスで進む。

**187.** 要件定義は，システム化の対象業務を具体化したソフトウェア要件定義と，システムを稼働させるために必要なハードウェアやネットワーク環境などを明確にしたシステム要件定義などに分かれる。

**188.** システム設計は，ソフトウェア開発設計，ソフトウェア詳細設計，システム方式設計という手順で進められる。

**189.** システム設計の各プロセスは，システム方式設計は外部設計，ソフトウェア開発設計は内部設計，ソフトウェア詳細設計はプログラム設計とも呼ばれる。

**190.** プログラムはモジュール単位で行われ，作成したモジュールがプログラム設計書通りに動作するか確認するシステムテストを行う。

**191.** プログラミング言語を使ってソフトウェアの設計図にあたるソースコードを作成することをコーディングと呼ぶ。

**192.** プログラム言語で作成されたプログラムをコンピュータが実行可能なコードに変換するソフトウェアをコンパイラと呼ぶ。

# 4-1 システム開発技術

## 正誤判定 解答・解説

× 要件定義，システム設計，プログラミング，テスト，ソフトウェア受入れ，ソフトウェア保守というプロセスになります。

○ ソフトウェア要件定義は，プログラムの中身（内容）そのものと言うことができます。

× システム方式設計（外部設計），ソフトウェア開発設計（内部設計），ソフトウェア詳細設計（プログラム設計）という手順で進められます。

○ システム方式設計はシステムの見える部分の設計なので外部設計，システム開発設計はシステムに必要な機能の設計なので内部設計と呼ばれます。

× システムテストではなく単体テストです。システムテストは，システム全体の統合テストになります。

○ プログラミングと同義語として扱われることも多いですが，コーディングはプログラム言語を使ってコードを記述することに限った表現です。

○ プログラム言語は人間が読み書きしやすく作られた言語であり，実行にはコンピュータが解読できるコードに置き換える必要があります。

**193.** システムの内部構造の整合性に注目し，プログラムのすべての命令を網羅して確認できる命令網羅のデータと，すべての条件分岐の一通り実行する判定条件網羅のデータを利用して行うテストを，ホワイトボックステストと呼ぶ。

**194.** 結合テストでは，最上位モジュールから下に順にテストを行うボトムアップテスト，モジュールをすべて結合し一斉に動作検証をするトップダウンテスト，これらを組み合わせたサンドイッチテストなどのテストを実施する。

**195.** ブラックボックステストは，システムの内部構造に着目して行い，プログラムで処理した結果から仕様書通りの処理を行えているか評価する。

**196.** ブラックボックステストの方式には，データの許容範囲の上限と下限とそれぞれの限界を超えた所のデータでテストをする限界値分析などがある。

**197.** ソフトウェア受入れ時は，ユーザーによるユーザー承認テストと同時に，ユーザーがマニュアル作成し，すべて問題なければシステムの納入となる。

**198.** プログラムを変更した際に，プログラムに手を加えたことで予期しない影響が発生していないか確認するテストをコードレビューと呼ぶ。

**199.** プログラムステップ法は，開発するソフトウェアの機能を基準に分類し，機能の複雑さを基準に点数をつけて，その合計から開発規模や工数とそれにかかる費用を見積もる。

○ モジュールの作成者が，そのモジュールが意図した動作を行うか確認するために行うテストです。よって，設計書の理解に誤りがある場合には気付くことはできません。

× トップダウンテスト：最上位モジュールから下に順にテストを行う。
ボトムアップテスト：最下位モジュールから上に順にテストを行う。
サンドイッチテスト：上記2つのテストを組み合わせて行う。
ビッグバンテスト：モジュールをすべて結合し一斉に動作検証を行う。

× 内部構造ではなく，入力情報と出力情報に着目して行うテストです。

○ その他に，起こりうるすべての事象をグループ化（同値クラス）し，その代表値でテストを行う同値分割などの方式などが用いられます。

× マニュアルの作成はユーザーではなく開発側で用意します。

× 回帰テスト（リグレッションテスト）の説明です。コードレビューは，ソフトウェア開発工程でソースコードのレビューを行うことです。

× ファンクションポイント法の説明です。プログラムステップ法は，開発するプログラムのステップ数（行数）から開発規模や工数とそれにかかる費用を見積もる方法です。

# 4-2 ソフトウェア開発管理技術

**正誤判定** 次の説明文が正しいか誤っているか答えなさい。

**200.** ソフトウェア開発手法の1つである構造化手法には，プログラムミスの軽減というメリットがあるが，テストや保守が難しくなるというデメリットもある。

**201.** オブジェクト指向は，システム全体を処理手順ではなく扱うデータの役割を持つオブジェクトの集合体であるとする考え方であり，代表的なプログラム言語に，FORTRAN，COBOL，JAVA などがある。

**202.** UML は，様々な表記方法で記載されてきたオブジェクト指向プログラムの複雑さを解消するために利用される統一表記法である。

**203.** 業務で扱うデータの内容や流れを元に，データベースを作成し，そのデータベースを中心にシステム設計を行う手法をプロセス中心アプローチと呼ぶ。

**204.** ソフトウェアの開発工程を段階的に進めていく，最も一般的なソフトウェア開発モデルはウォータフォールモデルである。

**205.** ウォータフォールモデルで開発したシステムの一部分を，ユーザーが確認フィードバックし，それを再度，分析，設計，開発を繰り返す開発モデルは，プロトタイピングモデルである。

**206.** ハードウェアを分解，またはソフトウェアを解析し，その仕組みや仕様，構成要素，技術などを明らかにすることをアジャイル開発と呼ぶ。

**207.** ペアプログラミングは，コミュニケーションとシンプルさを重視し，コードを必要最低限の状態で実装したうえで，反復的に少しずつ開発を進めるアジャイル開発手法である。

## 正誤判定 解答・解説

× プログラム全体を段階的に細かな単位に分割して処理する手法であり，テストや保守もしやすくなるというメリットもあります。

× FORTRANはオブジェクト指向のプログラム言語ではありません。COBOL，JAVAの他にC＋＋やPerlなどが挙げられます。

○ UML（統一モデリング言語）は，オブジェクト指向のプログラムの仕様から設計図を作成の際に用いられる統一表記法です。

× データ中心アプローチの説明です。プロセス中心アプローチは，業務プロセスを中心に考えてシステム設計を行う手法です。

○ 工程ごとに厳しいチェックを行いながら開発を進めます。順に工程が進んでいく流れを滝に見立ててこのような名称がつけられました。

× スパイラルモデルの説明です。この説明にあるシステムの一部分はサブシステムと呼ばれます。開発者が試作品（プロトタイプ）を作成し評価を得つつ開発を進める開発モデルがプロトタイピングモデルです。

× リバースエンジニアリングの説明です。アジャイル開発は，良いものを素早く無駄なく作ろうとするソフトウェア開発手法を指します。

× XP（エクストリームプログラミング）の説明です。
ペアプログラミングは，アジャイル開発手法の1つで，2人のプログラマが1台のコンピュータを共有してソフトウェア開発を行います。

**208.** アジャイル開発において，外部から見た動作を変えることなく内部構造を改善していく作業をリファクタリングと呼ぶ。

**209.** ユーザーと開発者の間で，担当業務の範囲や内容，契約上の責任などに対して誤解が生じないように，双方が共通して利用する用語や作業内容を標準化するために作られたガイドラインのことを SLA と呼ぶ。

○ 重複したコードの除去などがリファクタリングに該当します。

× 共通フレームの説明です。システム開発を外部ベンダ企業に委託する場合に，特に重要になります。SLA はサービスの内容を明確化し保証する提供者と利用者間の合意のことです。

# 第5章 プロジェクトマネジメント

**正誤判定** 次の説明文が正しいか誤っているか答えなさい。

**210.** プロジェクトマネージャーの役割には，プロジェクト全体の計画や進捗管理，メンバーの統括といったプロジェクトマネジメントの他に，クライアントと呼ばれる社内外の利害関係者との折衝や調整なども含まれる。

**211.** プロジェクトスコープマネジメントは，成果物スコープ（プロジェクトの成果物の特徴や機能）とプロジェクト・スコープ（成果物を利用者に引き渡すための作業）の両面から必要な作業範囲の分析をし，進捗を管理する手法である。

**212.** リスクマネジメントの対応として，セキュリティ対策ソフトをPCにインストールをすることはリスク転嫁に該当する。

**213.** アローダイアグラムにおけるクリティカルパスを短縮することができれば，プロジェクト全体のスケジュールを短縮することができる。

**214.** プロジェクトは依頼元の承認によって終結し，プロジェクトに関するすべての情報を記載したプロジェクト完了報告書を作成し，プロジェクトチームは，次のプロジェクトに移行する。

# 5-1 プロジェクトマネジメント

## 正誤判定 解答・解説

× 社内外の利害関係者は，クライアントではなくステークホルダーと呼ばれます。クライアントは取引先相手企業（顧客企業）になります。

○ 目標に向けて必要なことを定義し，進捗や状況に応じて見直していくことで，目標の達成を目指します。

× セキュリティソフトのインストールはリスク軽減に当たります。リスク転嫁は保険への加入などに当たります。

○ クリティカルパスとは，所要日数に最も余裕のないプロセスのことを指します。よって，クリティカルパスの短縮は全体の日数短縮につながります。

× プロジェクトチームは，プロジェクトごとに組織され，プロジェクト完了とともに解散します。

# 第6章 サービスマネジメント

## 正誤判定 次の説明文が正しいか誤っているか答えなさい。

**215.** IT サービスマネジメントを進める上で役立てられるガイドラインであるITILv2は，サービスサポートとサービスデスクの2つの要素から構成されている。

**216.** ITILv2のサービスサポートの内容には，サービスデスク，インシデント管理，問題管理，構成管理，変更管理，リリース管理が含まれる。

**217.** バージョン管理システムを導入することで，自動的にファイルにバージョン情報を加えることができ，変更内容の管理や前バージョンの復元などが可能になる。

**218.** ITILv2のサービスデリバリの内容には，サービスレベル管理，IT サービス財務管理，キャパシティ管理，IT サービス継続性管理，可用性管理が含まれる。

**219.** 提供するサポートの品質と範囲を明文化し，サポート提供者がサポート委託者（顧客）との合意に基づいて運用するために結ぶものをSLAと呼ぶ。

**220.** ITILv2のインシデント管理とは，IT サービスの中断（インシデント）が起こらないように対策し管理することを指す。

**221.** ITILv2の変更管理とは，検討した構成の変更作業を行い稼働させ，もしも不具合が生じた場合は安全かつ確実に環境を戻すサービスサポートのプロセスである。

# 6-1 サービスマネジメント

## 正誤判定 解答・解説

× サービスデスクではなくサービスデリバリです。ITILは，ITサービスの運用に関する最適な手法（ベストプラクティス）をまとめたものです。

○ サービスデスクはユーザー向けの窓口，インシデント管理は復旧管理のことです。

○ バージョン管理とは，随時更新されるデータ（ソースコードや文書ファイルなど）の更新履歴を管理すること，またはその機能を指します。

○ ITサービス財務管理は費用対効果の確認，キャパシティ管理とは将来性の管理，可用性は情報へのアクセスの確実性ということができます。

× サポートではなくサービスに関する品質の水準を明文化し，合意を得ます。SLAは，サービスレベル合意書の略称です。

× ITサービスの中断（インシデント）に対して対策し，可能な限り早く復旧するように管理します。

× リリース管理の説明です。変更管理は，予防措置を講じるためのサービスの構成変更を検討するプロセスになります。

**222.** サービスデスクは，ヘルプデスクとも呼ばれ，技術的な問題の解決のために設置するサービスサポートの機能であり，技術的な質問以外の購入などに関する質問応対は別途 SFA によって対応する。

**223.** ITIL の最新バージョンである ITILv3 は，サービスストラテジ，サービスデザイン，サービストランジション，サービスオペレーション，継続的サービス改善の 5 つの要素から構成されている。

**224.** ITILv3 でサービスの移行を行うために取るべき方法がまとめられているのは，サービスオペレーションである。

**225.** システムが使うべき時にきちんと使えるように維持するための取り組みを可用性管理と呼ぶ。

**226.** UPS は，通常の電源とハードウェアの間に付け加える，停電時にハードウェアへの電源供給が停止しないようにするためのシステムである。

**227.** 雷などによる異常な電流・電圧によってシステムなどに障害が発生しないように防護する装置は UPS である。

**228.** 建物や設備などの資源が最適な状態となるように改善を進めるための考え方をファシリティマネジメントと呼ぶ。

× サービスデスク（ヘルプデスク）は，様々なユーザーからの問い合わせに対応します。SFA は営業支援のために使う情報システムであり，営業活動の効率化を実現するシステムです。

○ ITILv2 のサービスサポートとサービスデリバリの内容は，ITILv3 では各領域に分散される形で含まれています。

× サービスオペレーションではなく，サービストランジションです。サービスオペレーションには，IT サービスの適切な運用方法がまとめられています。

○ 可用性とは，あらかじめ決めたシステムの利用をする時間にきちんと稼働している状態を指します。

○ 通常時に内部バッテリーに充電しておき，停電発生時にバッテリーからの電源供給に切り替えることで，ハードウェアへの電源供給を確保します。

× サージ防護の説明です。大規模なものから電源タップに内蔵される小型のものまで存在します。

○ システムの運用だけでなく，土地，建物，設備などすべてを企業経営において最も有効活用できる状態を維持することを指します。

# 6-2 システム監査

**正誤判定** 次の説明文が正しいか誤っているか答えなさい。

**229.** システム監査は，経営者直属のシステム監査人によって，システムを検証，評価し，その結果から情報システム部門などへ助言や勧告を行うものである。

**230.** システム監査は，対象資料を収集・分析し，チェックリストの作成，調査項目の洗い出し，システム監査計画書を作成し，その計画書に基づいて本調査を実施する。

**231.** 本調査では，監査手続書に従い，関連する記録や資料の調査，担当者へのインタビューなどを行い，調査結果は監査証拠として保管する。

**232.** 企業が業務を適正に進めるための体制を構築し，運用する仕組みを IT ガバナンスと呼ぶ。

**233.** 企業に対する否定的な評判が広まることで，企業の信用やブランドが低下し，損失を被る危険度を人的脅威と呼ぶ。

**234.** リスクコントロールマトリクスは，リスクの内容や大きさ，リスクによって影響を受ける決算書の科目，対応するコントロールなどを表形式にまとめ，内部統制に役立てられる。

**235.** IT ガバナンスとは，業務部門ごとに，経営戦略と IT 戦略との整合性，費用対効果やリスク管理, 人員, 組織体制などの評価を行うことである。

## 正誤判定 解答・解説

× システム監査人は，経営者直属ではなく企業からは独立した組織（第三者）になります。

× システム監査計画書は，予備調査の前に作成されます。予備調査後に作成するのは監査手続書です。

○ 本調査の結果をもとに，結果説明のためのシステム監査報告書を経営者に提出します。

× 内部統制の説明です。IT ガバナンスは，企業の IT 化を進めるにあたり，企業戦略や情報システム戦略の実現に導く組織能力のことを指します。

× レピュテーションリスクの説明です。
評判リスク，風評リスクとも呼ばれます。

○ 内部統制を実施するうえで，業務プロセスに潜むリスクと統制活動（コントロール）の対応関係を整理・検討・評価するために作成されます。

× IT ガバナンスは，部門ごとではなく，企業全体として確立します。そのためには，企業全体としての運用ポリシーや利用ルールの策定，マネジメントシステムの構築が必要となります。

# 第7章 基礎理論

**正誤判定** 次の説明文が正しいか誤っているか答えなさい。

**236.** コンピュータは，1と0の2進数で表現する1桁の値をバイトと呼び，データの最小単位として扱う。

**237.** 10進数の7を2進数で表現すると，110である。

**238.** 2進数の1111は，10進数の15である。

**239.** 10進数の－3を2進数で2の補数を用いて表現すると，1101となる。

**240.** 集合とは，射影と呼ばれるある条件に基づいてグループ化されたデータの集まりのことを指します。

**241.** 四角と円を組み合わせて，複数の集合の関係を表す時によく利用される図表は真理値表である。

**242.** 論理演算における論理積は，ORとも表現され，A OR Bの場合，ABいずれにも該当する集合を求める場合に利用される。

**243.** A XOR Bは，AまたはBに属すが，AB両方には属さない集合を表現する。

**244.** 確率には，取り出した「ABC」と「BCA」の2つの情報を，順序が異なると考える「組合せ」，同じと考える「順列」の2つの基本的な考え方が存在する。

# 7-1 基礎理論

## 正誤判定 解答・解説

| | |
|---|---|
| × | バイトではなくビット（bit）の説明です。8ビット＝1バイトとなります。 |
| × | 2進数の7は，111です。元の10進数で表された数字を2で解が0になるまで割って，その余りを逆順に並べていくことで求められます。 |
| ○ | 2進数から10進数への基数変換は，2進数の数字に各桁に2のべき乗を掛けて，その合計を出すことで求められます。 |
| ○ | 2の補数で負の表現にするには，正の数を表した2進数の0と1を反転させて1を加えます。10進数の3は2進数で0011なので，1101となります。 |
| × | 射影ではなく命題です。射影とは，データベース操作において，特定の列を指定して抽出する操作のことです。 |
| × | ベン図の説明です。真理値表は，表形式で命題の真偽を表します。 |
| × | 論理積はANDで表現されます。ORは，論理和のことで，A OR Bは，ABいずれかの集合に含まれるものを表現することができます。 |
| ○ | XORの他にEORでも表現できます。 |
| × | 順序が異なると考える「順列」，同じと考える「組合せ」です。 |

**245.** 統計の代表的な数値であるモードとは，全体のデータを昇順または降順で並べたときの中央の値のことである。

**246.** 項目間の相関関係を把握するために利用される，2 項目の量や大きさからデータを点でプロットしたものは度数分布表である。

**247.** データの分布を視覚的に把握するためにグラフ化したものがヒストグラムである。

**248.** 情報量の単位のうち，10 の 6 乗を表す接頭語は G（ギガ）である。

**249.** 時間の単位のうち，100 万分の 1 を表す接頭語は μ（マイクロ）である。

**250.** 標本化は，サンプリングとも呼ばれ，アナログ信号の連続的な変化を時間の基準で観測し数値化することを指す。

**251.** 標本化によって得た電気信号を近似的なディジタルデータで表すことを符号化と呼ぶ。

**252.** 文字コードのうち，欧文文字と欧文記号を 7 ビットで 1 文字を表現し，8 ビット目はエラー確認用に使われるものは，Unicode である。

**253.** 文字コードのうち，英数字は 1 バイト，ひらがなや漢字は 2 バイトで表現するものは JIS コードである。

× メジアン（中央値）です。モード（最頻値）は，全体のデータの中で最も出現頻度が多い値のことです。

× 散布図の説明です。度数分布表は，対象となるデータの値とその出現回数などをリスト化したものです。

○ 折れ線グラフを用いて，累積数や累積比率を表示することもあります。

× 10の6乗はM（メガ）です。G（ギガ）は，10の9乗を表します。

○ 他に，m（ミリ，1000分の1），n（ナノ，10億分の1）などがあります。

○ 時間の基準はアナログデータの変化の速度によって異なります。

× 量子化の説明です。符号化は，一定の規則に基づき，量子化した信号に0と1を割り当てることを指します。

× ASCIIコードの説明です。Unicodeは，すべての文字を2バイトで表現し，言語ごとのコードを用意しないで複数言語を表現可能な文字コードです。

○ 代表的なJISコードにシフトJISがあります。

# 7-2 アルゴリズムとプログラミング

**正誤判定** 次の説明文が正しいか誤っているか答えなさい。

**254.** データ構造において，データを 1 行に並べたもので，データ型が異なるデータも扱えるものは“フィールドのタイプ”である。

**255.** データの挿入や削除を行うときの基本的な考え方で，最後に入力したデータが先に出力されるという特徴をもつものはスタックである。

**256.** 複数の処理などがある場合に，その手順を明確にするためにアルゴリズムを図に示したものがフローチャートである。

**257.** アルゴリズムの繰り返し構造には，予め条件の判断をしてから処理を行う前判定型（While-do 型）と処理結果を条件に照らし合わせる後判定型（Do-while 型）がある。

**258.** データを探索するアルゴリズムのうち，対象となるデータの集合の中央にあるデータから，そのデータの前にあるか後ろにあるかを判断し，半分のデータを絞り込むという作業を繰り返す方法をリニアサーチと呼ぶ。

**259.** 複数のファイルやデータ，プログラムなどを 1 つに統合し，同時にデータの並び替えを行うアルゴリズムをマージと呼ぶ。

**260.** 隣同士の数値を比較し入れ替えを繰り返す，最も基本的な整列手法はバブルソートである。

**261.** アセンブラ言語は，人間が書いたオブジェクトコードと機械語のソースコードが 1 対 1 で対応しているプログラム言語である。

**262.** C 言語，C++ はコンパイラ言語と呼ばれ，記述したコードをコンパイラと呼ばれるプログラムで翻訳処理を行い実行する。

## 正誤判定 解答・解説

| | |
|---|---|
| × | レコードの説明です。“フィールドのタイプ”は格納するデータの種類のことを指します。 |
| ○ | それに対して，先に入力したデータが先に出力されるという考え方を，キュー（待ち行列）と呼びます。 |
| ○ | 端子，処理，データ記号などの図を使って，作業の流れを表現することで，処理手順を明確にします。 |
| ○ | アルゴリズムには，繰り返し構造の他に，順番に連続して処理が進む順次構造，条件により分岐する（選択が異なる）選択構造などの基本構造があります。 |
| × | 二分探索法（バイナリサーチ）の説明です。 線形探索法（リニアサーチ）は，条件に合うデータが見つかるまで，先頭のデータから順に照合するシンプルな手法です。 |
| × | マージソートの説明です。マージは，結合時にデータの並び替えを行いません。 |
| ○ | 整列が完了するまで，繰り返し隣同士の数値の比較と入れ替えを繰り返します。 |
| × | 人間が書いたものがソースコード，機械語がオブジェクトコードです。 |
| ○ | C 言語，C++ の他に，Java，COBOL，FORTRAN などがコンパイラ言語にあたります。 |

**263.** インタプリタ言語は，インタプリタと呼ばれる言語プロセッサを利用するプログラム言語の種類で，ソースコードをすべて読み込んだ後に，一斉に機械語に翻訳して実行する。

**264.** Javaで作られたプログラムのうち，Webブラウザ上で実行されるプログラムをJavaアプレットと呼ぶ。

**265.** 文書の電子化のために開発され，現在利用されている様々なマークアップ言語のベースになっているマークアップ言語はSGMLである。

**266.** HTMLのタグのうち，改行を表すものは，<b>である。

**267.** HTMLを拡張したもので，独自にタグを定義することができるため，Webサービスの実現などで利用されているマークアップ言語はXHTMLである。

アルゴリズムで頻出のスタックとキューについてまとめておきましょう。

**スタック**…最後に入力したデータが先に出力される
**キュー**　…先に入力したデータが先に出力される

スタックは，本を積み上げるような構造をイメージしてもらえばよく，キューは，窓口やレジなどの待ち行列のイメージになります。

データを蓄積し処理するのはシステムの基本的な動作ですから，その分，非常に重要な内容となります。
当然，どちらの構造を用いるかで，処理結果が変わることも多いので，開発担当者は十分注意しなければいけません。

次ページに，例をあげておきますので，あわせて確認しておいてください。

| | |
|---|---|
| × | ソースコードを読み込んで，直ちに1行ずつ機械語に翻訳してプログラムを実行します。 |
| ○ | 同様にWebブラウザ上で動作するJavaScriptはスクリプト言語であり，Javaプログラムではありません。 |
| ○ | 文書の論理構造，意味構造を記述するもので，タイトルや引用部など，特別な意味をもつ部分の定義をすることができます。 |
| × | <br>です。<b>は太字の開始を表すタグになります。 |
| × | XMLの説明です。XHTMLは，HTMLとXMLの整合性を取り，多くのWebブラウザ上で利用でき，かつXMLに準拠した文書を作成できます。 |

例

「PUSH n：品物（番号n）を積み上げる」「POP：品物を1個取り出す」という，装置に対する2つの操作が可能な場合，最初は何も積み上げていない状態から開始し，次の順序で操作を行うとデータはどのように保存されていくか。

PUSH1 → PUSH2 → POP → PUSH3

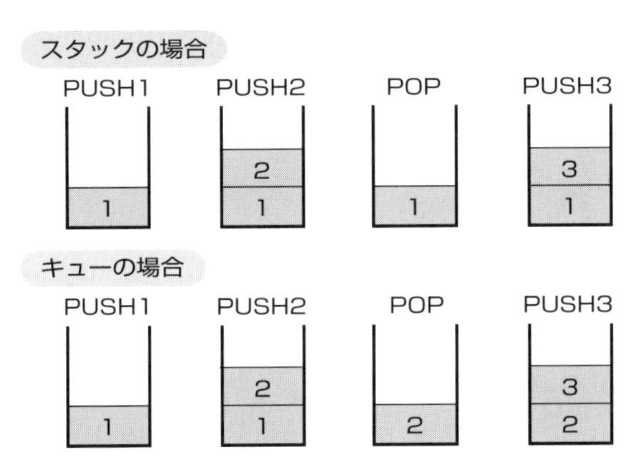

# 第8章 コンピュータシステム

**正誤判定** 次の説明文が正しいか誤っているか答えなさい。

**268.** コンピュータは，制御装置，演算装置，管理装置，入力装置，出力装置の5大装置によって構成される。

**269.** 5大装置のうち，制御装置と演算装置を兼ねるものが，中央演算装置（CPU）である。

**270.** CPUの性能は基本的に，処理の速さを表すクロック周波数と，データの転送速度を表すバス幅によって決められる。

**271.** メモリのうち，高速にデータへアクセスできるが，電源供給を断つとデータが失われるという特徴があるものをROMと呼ぶ。

**272.** RAMは，低速ではあるが容量が大きいDRAMと，容量が小さく高速なSRAMに分類され，主記憶装置にはDRAMが利用される。

**273.** ROMは，読み出し専用で記録内容を書き換えることができないマスクROM，一度だけ利用者がデータを書き込めるPROM，複数回データを書き込めるEPROMなどに分類される。

**274.** 磁性体を塗布した円盤に，磁気によって記録を行う記憶媒体で，大容量化が著しいものはハードディスクである。

**275.** SSDは，大容量化によりHDD同様に利用できるようになった，EEPROMの補助記憶装置である。

# 8-1 コンピュータ構成要素

## 正誤判定 解答・解説

× 管理装置ではなく記憶装置です。データを保存する装置で，メモリ，ハードディスク，CD-ROM，DVD－ROMなどがこれにあたります。

○ プロセッサとも呼ばれ，一般にコンピュータの頭脳にあたる部分と表現されます。

○ クロック周波数の単位は，1秒間あたりの周期を繰り返す回数を表し，ヘルツ（Hz）という単位を用います。

× RAMの説明です。電源供給を断つとデータが失われる性質を揮発性と呼びます。

○ SRAMは一時的なファイルを保存するキャッシュメモリなどに利用されています。

○ ROMは不揮発性のため，コンピュータの構成を記したデータや，OSなどを起動させるために利用するプログラム（BIOS）などの保存に利用されています。

○ 同様に磁気によって記録を行う記憶媒体にフロッピーディスクがありますが，大容量化は進んでいません。

○ SSDは，静音で低発熱であり，非常に高速なデータの読み書きを実現します。

**276.** DVD-R は，データの書き込みが複数回可能であり，片面一層型の記憶容量は 4.7GB である。

**277.** USB メモリや SD カードなど，電気操作でデータ書き換えができる記憶媒体を総称してフラッシュメモリと呼ぶ。

**278.** ハードディスクの内部にはプラッタと呼ばれるディスクがあり，プラッタは，同心円上のトラックに分割され，さらにトラックは放射状に等分したセクタと呼ばれる領域に分割される。

**279.** ハードディスク内の情報を読み取るには，該当するセクタまで磁気ヘッドが移動する必要があり，その到達までの時間をレスポンスタイムと呼ぶ。

**280.** RAID のうち，複数台のハードディスクにデータを交互に保存することで，読み書きの高速化を図るものは RAID-0 であり，ミラーリングとも呼ばれる。

**281.** 記憶階層のうち，最も CPU に近くアクセス時間が速い領域はキャッシュメモリである。

**282.** 入出力インタフェースのうち，1 本の信号線で 1 ビットずつデータを転送するものはパラレルインタフェースである。

**283.** USB は，ハブ（中継機器）で最大 127 台の機器を接続でき，最新のバージョンでは 5Gbps でのデータ転送が可能になったパラレルインタフェースである。

**284.** SCSI は，周辺機器同士をデイジーチェーン方式で並列接続できる規格であり，接続の終端コネクタには UPS を設置する必要がある。

**285.** DVI は，映像だけでなく音声も伝送することができる入出力インタフェースで，主にディスプレイとの接続に利用される。

× DVD-R は，データの書き込みが 1 回のみ可能です。複数回書き込み可能な DVD は DVD-RW，フロッピーのように扱える DVD-RAM があります。

○ フラッシュメモリのように電気操作でデータ書き換えができる ROM を EEPROM と呼びます。

○ データはこのセクタを最小単位として保存されます。なお，ハードディスクによって 1 トラックあたりのセクタの数は異なります。

× シークタイムの説明です。レスポンスタイムは，システムの処理を行ったときの最初の反応が返ってくるまでの時間のことを指します。

× ミラーリングではなくストライピングです。ミラーリングは，複数台の HDD に同時に同じデータを書き込む RAID-1 の別名です。

× キャッシュメモリよりアクセスが早く CPU に近い領域にレジスタがあります。

× シリアルインタフェースの説明です。パラレルインタフェースは，複数の信号線で，複数ビットのデータを同時転送します。

× USB は，シリアルインタフェースです。なお，現在最も普及しているバージョン 2 の転送速度は 480Mbps です。

× 終端コネクタには UPS ではなくターミネータを設置します。

× HDMI の説明です。著作権保護機能を含むものがほとんどで，不正コピー防止などにも役立てられています。

**286.** Bluetoothは，赤外線通信によるワイヤレス規格で，2.4GHz帯を利用するが，最大10m以内の通信に限定されている。

**287.** アクチュエータは，対象の情報を収集する装置で，ロボットやIoT機器に搭載することで，部品や機器間で情報を伝送し，自動的な動作につなげる。

**288.** デバイスドライバのインストールの手間を軽減するため，外部機器を接続したあとに，自動的に外部機器を検出して最適な設定を行う仕組みのことをホットスタンバイと呼ぶ。

**コラム**

第8章のハードウェア分野は，PC好きを自認している人にとっては，比較的勉強しやすい範囲だと思います。

ただ，試験では現在，主流となっている規格以外についても問われてくることがありますから，既存知識に満足して油断することなく，一度は内容を一通り確認しておきましょう。

特にこの正誤問題で間違った人は要注意です。
ケアレスミスと片付けないで，再確認をお願いします。
意外な規格の違いがわかって，とても楽しめると思いますよ。

ただし，8-2からはシステムの構成要素というなかなか普段，個人では扱うことのない内容になりますので，ここまでが余裕だからと言って，勉強を飛ばすようなことはしないでください。

× 赤外線通信ではなく，電波によって通信をします。赤外線を利用したワイヤレス規格には携帯電話などで利用されるIrDAがあります。

× センサの説明です。
アクチュエータは，様々なエネルギーを機械的な動きに変換し，機器を動作させるための駆動装置です。

× プラグアンドプレイの説明です。ホットスタンバイは，通信機器やコンピュータシステムを多重化して信頼性を向上させる手法の1つです。

# 8-2 システム構成要素

**正誤判定** 次の説明文が正しいか誤っているか答えなさい。

**289.** 分散処理は，ネットワーク上の複数のコンピュータによって処理を分散して行い，1台のコンピュータが停止してもシステム全体は停止しないで済む。

**290.** デュアルシステムは，稼働用と待機用2つの同じ構成のシステムを用意し，障害発生時には待機用のシステムに切り替えて処理を継続する。

**291.** システムの中心にあるサーバでソフトウェアやサービス，ファイルなどを管理して，ユーザーが直接操作するコンピュータからサーバにあるソフトウェアなどを操作するシステム構成をシンクライアントと呼ぶ。

**292.** バッチ処理は，決められた期間やタイミングで蓄積したデータの一括処理をする利用形態であるため，データの入力や確認に時間的な余裕が生まれる。

**293.** クライアントサーバシステムのファイルサーバに保存してあるファイルはクライアントで共有して利用されるため，各クライアントごとにバックアップを作成しなければならない。

**294.** クライアントサーバシステムでは，サーバのソフトウェアをクライアントから利用することができるが，サーバに接続された周辺機器などは利用できない。

**295.** データベースサーバのうち，サーバ機能とデータベースを1台のコンピュータで担うものを1階層システム，サーバ機能とデータベース機能を分けたものを2階層システムと呼ぶ。

## 正誤判定 解答・解説

| | |
|---|---|
| ○ | コンピュータを増やすことでシステムの規模や機能を拡張することができる点もメリットの1つです。 |
| × | デュプレックスシステムの説明です。デュアルシステムは，同じ構成の2つのシステムで同じ処理を行うシステム構成です。 |
| ○ | シンクライアントでは，クライアントPCには，必要最小限の機能しか用意しません。 |
| ○ | 複数の処理をまとめて1つの処理として登録し，一気に実行することもできます。 |
| × | ファイルサーバでファイルを一元管理するシステムなのでサーバ上のファイルをバックアップすることができます。 |
| × | プリンタを共有するプリンタサーバなど，周辺機器も利用することができるサーバは存在します。 |
| × | クライアントからカウントするので，サーバ機能とデータベースを1台のコンピュータで担うものを2階層システム，サーバ機能とデータベース機能を分けたものを3階層システムと呼びます。 |

**296.** NAS は，通常のファイルサーバに比べ機能が限定されているため，同じネットワークに参加しているコンピュータからは，直接ハードディスクが接続されているように見える。

**297.** 接続されたコンピュータが，対等に処理を分担するシステムをピアツーピア型システムと呼ぶ。

**298.** サーバにある情報やアプリケーションを Web ブラウザと呼ばれる Web 閲覧ソフトを介して行うシステムを WWW と呼ぶ。

**299.** レスポンスタイムはすべての処理を終えて，その結果が返ってくるまでの時間を指す。

**300.** 特定のソフトウェアを実行し，レスポンスタイムや，CPU の稼働率やメモリの速度などを総合的に評価する手法をベンチマークと呼ぶ。

**301.** 平均修復時間（MTTR）は，故障発生時からシステムが復旧するまで，すなわち実際にシステムが停止している時間の平均を指す。

**302.** フォールトトレランスは，システムに障害が発生した場合，継続稼働よりも安全性を優先して制御する設計手法である。

**303.** フールプルーフは，システムの利用者が誤操作をしても危険に晒されることがないように安全対策を施しておく設計手法である。

**304.** TCO には，初期コスト，稼働後にかかる運用コスト，電気代，ハードウェアや消耗品の購入費などシステムに関わる様々なコストが含まれる。

○ Network Attached Storage の略で，ネットワークに接続するファイルサーバを指します。

○ サーバとクライアントの区別がなく，すべてのコンピュータがサーバとしてもクライアントとしても機能します。

× Web システムの説明です。WWW は World Wide Web の略で，Web ページ同士がハイパーリンクでつながったシステムを指します。

× ターンアラウンドタイムの説明です。レスポンスタイムは，システムの処理を行ったときの最初の反応が返ってくるまでの時間のことを指します。

○ ハードディスクの読み書き速度なども評価の対象となります。

○ 一方，システム稼働期間における故障が発生するまでの間隔の平均を，平均故障間隔（MTBF）と呼びます。

× フェールセーフの説明です。フォールトトレランスは，システムを多重化し，障害発生時もシステム稼働を維持できるようにする設計手法です。

○ システムに限らず多くの工業製品で用いられる考え方でもあります。

○ TCO（Total Cost of Ownership）は，システムの経済性に対する評価指標の 1 つになります。

# 8-3 ソフトウェア

**正誤判定** 次の説明文が正しいか誤っているか答えなさい。

**305.** OS は，ユーザーや応用ソフトウェアに対して，ハードウェアやソフトウェアなど，そのコンピュータが持つ資源を効率的に提供するための制御機能，管理機能をもっている基本ソフトウェアである。

**306.** 利用者が割り当てられたアカウントには，ユーザーごとにプロトコルとよばれる個人情報があり，アクセス権を設定できる。

**307.** OS によるメモリ管理方式の 1 つで，主にメモリが不足した場合に HDD などの補助記憶装置の一部をメインメモリのように利用できるようにすることをレジスタと呼ぶ。

**308.** ファイルは OS に対応したファイルフォーマット（ファイル形式）で保存する必要がある。

**309.** OS のうち，実行できる処理が 1 つだけのものをシングルコア方式，複数同時に処理ができるものをマルチコア方式と呼ぶ。

**310.** アイコンなどの視覚的な表現を利用して命令や処理を実行することができる OS のインタフェースを CUI(Character User Interface)と呼ぶ。

**311.** OS には，Microsoft 社が開発した Windows，Apple 社が開発した Mac-OS，UNIX 社が開発した Linux などがある。

**312.** i-OS と Android は，ともにスマートフォンやタブレット PC に用いられる GUI の OS である。

**313.** すべてのディレクトリの最上位をルートディレクトリと呼び，アクセスしているディレクトリのことをカレントディレクトリと呼ぶ。

## 正誤判定 解答・解説

| | |
|---|---|
| ○ | 応用ソフトウェアはアプリケーションソフトウェアとも呼ばれます。OS によってコンピュータの基本的な仕様や機能が定められ，ソフトウェアやハードウェアは OS にあった形式で利用することができます。 |
| × | プロトコルではなく，プロファイルです。プロトコルはネットワーク通信などで決められた手順やルールをまとめたものです。 |
| × | レジスタではなく，仮想記憶の説明です。<br>メモリの物理的な所在を示すアドレスとは別に仮想アドレスを割り当てることで実現します。 |
| ○ | OS のファイル管理機能の基本となります。異なる OS のファイルフォーマットでは，ファイルを扱えません。 |
| × | コアは CPU のチップのことであり，正しくは，それぞれシングルタスク方式，マルチタスク方式となります。 |
| × | GUI（Graphical User Interface）の説明です。CUI は命令文や処理結果を文字で表示するインタフェースです。 |
| × | UNIX は AT&T ベル研究所が開発した OS です。Linux は Unix と互換のあるオープンソースの OS です。 |
| ○ | i-OS は Apple 社，Android は Google 社がそれぞれ開発した OS になります。 |
| ○ | ディレクトリ（フォルダ）とは，階層構造のあるファイルを保管する場所のことを指します。 |

**314.** ディレクトリの指定時に，カレントディレクトリから目的のディレクトリを指定する方法が絶対パスである。

**315.** ファイル拡張子は，ファイル名の末尾に付けることで，使用するソフトウェアやサービスを指定するために利用される。拡張子を変えても，ソフトウェアを指定すれば，変更前と同様にファイルを利用できる。

**316.** バックアップファイルそのものが破損している可能性を考慮して，バックアップの対象を複数のタイミングで保存することを世代管理と呼ぶ。

**317.** ワープロソフト，表計算ソフト，プレゼンテーションソフトなどビジネスで利用するソフトウェアを総称してオフィスソフトウェア，画像編集，音声編集，動画編集ソフトを総称してベクターツールと分類して呼ぶ。

**318.** ワープロソフトでは，コピーや切り取りをした情報は，クリップボードに一時的に保存され，その内容の貼り付けを何度も繰り返すことができる。

**319.** 表計算ソフトは，テーブルと呼ばれるマス目に入力した数値を元に計算を行うのが一般的であり，関数という組み込みの数式も多く用意されている。

**320.** 代表的な関数に，SUM（加算），AVERAGE（平均），MAX（最大値），MIN（最小値），IF（条件）などがあり，例えば，セルC3に「=AVERAGE(A1$B1)」と入力すると，セルA1とセルB1の平均値がセルC3に表示される。

**321.** Webブラウザから検索サイトにアクセスし，「A and B」で検索をした場合，検索結果にはABのどちらかを含んだWebサイトが一覧で表示される。

**322.** 一般的に．ソフトウェアのソースコードを無償で公開し，改良や再配布を制限しない，無保証のソフトウェアをオープンソースソフトウェアと呼ぶ。

× 相対パスの説明です。絶対パスは，ルートディレクトリから目的のディレクトリに至るまでのアクセス経路を示したものです。

× ファイル拡張子は，ファイル名の末尾に付けることで，ファイルの種類を識別するための文字列です。同じファイルであっても，拡張子を変えると別のファイルとして扱われます。

○ 万が一，直前のバックアップに支障があった場合は，さらに前の世代のバックアップを利用して復元が可能になります。

× ベクターツールではなく，マルチメディアオーサリングツールです。ベクターツールは，画像編集ソフトの分類の１つです。

○ クリップボードはワープロソフト以外の多くのソフトウェアで利用できる機能です。

× テーブルではなくセルです。データはセルの単位で保持され，関数や計算式にセルの参照を利用することができます。

× 数式に誤りがあります。「=AVERAGE(A1：B1)」が正しい数式になります。＄は，セルの絶対参照で利用します。

× 「A and B」で検索した場合は，AB の両方を含んだ Web サイトが表示されます。どちらかを含んだ検索をする場合は，「A or B」と入力します。

○ オープンソースソフトウェアにはいくつもの定義があり，その定義に従って利用する範囲においてのみ，無償でソフトウェアを利用できます。

# 8-4 ハードウェア

**正誤判定** 次の説明文が正しいか誤っているか答えなさい。

**323.** コンピュータのうち，個人向けの安価なコンピュータであるPC（パーソナルコンピュータ）に対し，科学技術計算や商用計算など一度に大量のデータを扱えるコンピュータを汎用コンピュータと呼び区別する。

**324.** スマートフォンやタブレットPC，一部のウェアラブルコンピュータなどの多機能端末を総称してスマートデバイスと呼ぶ。

**325.** キーボードは，以前はPS2と呼ばれるインタフェースで接続されているものがほとんどであったが，現在はUSB，IrDAなどの無線通信での接続に対応しているものが多くなっている。

**326.** 入力装置のうち，板状の筐体の上で，付属の特殊ペンを動かすことで，カーソルやソフトウェアの動作を行う入力装置をタブレットと呼ぶ。

**327.** スキャナには画像からテキスト情報を読み込んで，コンピュータ上で編集可能なテキスト情報として変換するOJTという機能搭載したものも存在する。

**328.** モニタには，ブラウン管式のCRTディスプレイが広く使われていたが，現在は液晶ディスプレイの利用が広がっている。

**329.** 主な画面解像度には，VGA（640 × 480），SVGA（800 × 600），XGA（1024 × 768），SXGA（1280 × 1024）などがある。

**330.** 4Kとは，画面解像度のうち，おおよその画素数が横8000 ×縦4000となっているものを指す。

**331.** プリンタのうち，ピンでカーボンを塗布したインクリボンを叩き，たくさんの点の集合を使って印刷する方式のものはサーマルプリンタである。

## 正誤判定 解答・解説

○ メインフレームやホストコンピュータとも呼ばれます。なお，スーパーコンピュータは高度な科学技術計算に特化した高速処理を行えるコンピュータを指し，汎用コンピュータとは区別されます。

○ スマートデバイスは，あらゆる用途に使用可能な多機能端末の総称です。

× IrDA は，無線方式ですが携帯電話などに活用されるもので，キーボードの接続には，USB の他に Bluetooth が利用されています。

○ イラストやプレゼンテーションなどでよく利用されています。最近では，タブレットにモニタ機能を搭載したものも出てきています。

× OJT ではなく OCR です。OJT は，業務を実施しながら進める企業の社員教育手法です。

○ ディスプレイのサイズも拡大しており，数年前まで 15 インチが一般的でしたが，現在では 19 インチ以上のモニタが安価に手に入ります。

○ このほかに，1920 × 1200 の WUXGA などもあります。

× 画面解像度のうち，おおよその画素数が横 4000 ×縦 2000 となっているものを「4K」, 横 8000 ×縦 4000 となっているものを「8K」と呼びます。

× ドットインパクトプリンタの説明です。サーマルプリンタは，熱を利用した印刷方式です。

# 第9章 技術要素

**正誤判定** 次の説明文が正しいか誤っているか答えなさい。

**332.** GUIにおいて，選択対象が多い場合は，選択項目を垂れ下がる形で一覧表示するプルダウンメニューを利用する。

**333.** 画面設計では，画面の順序や画面の関連性を示した画面遷移図や，画面の階層構造を示した画面階層図を利用する。

**334.** 帳票設計では，用途や出力サイズ，頻度，配布先，保存先，枚数，フォントなどに注意する必要があり，出力時に様々な用途に対応できるためできるだけ多くの情報を盛り込める設計をする。

**335.** Webデザインでは見た目だけでなく，ユーザビリティにも考慮する必要があるため，ページごとにメニューの配置や色を考慮する。

**336.** 年齢や文化，障害の有無などにかかわらず，できる限り多くの人が快適に利用できることを目指すデザインの考え方がユニバーサルデザインである。

**337.** ユーザビリティとは，利用環境や年齢，障害の有無などの身体的制約に関係なく，すべてのユーザーがWebサイトにアクセスし，提供されているコンテンツや機能を利用できることを指す言葉である。

# 9-1 ヒューマンインタフェース

## 正誤判定 解答・解説

○ このほかに，択一式の選択で利用されるラジオボタンやリストボックス，複数選択で利用されるチェックボックスなどがあります。

○ ユーザーのデータ入力に関するインタフェース設計を画面設計，帳簿や伝票など取引の処理に関するインタフェース設計を帳票設計と呼びます。

× 出力時には，余分な情報は除いて必要最小限の情報を盛り込むほうが扱いやすく良いとされます。

× ユーザビリティ（使いやすさ）に考慮すべきですが，メニューなどの共通項目は，サイト全体で統一したほうがよいとされています。

○ ユニバーサルデザインはWebデザインに限らず様々な工業製品や施設などで取り組まれている考え方です。

× Webアクセシビリティの説明です。
ユーザビリティは使いやすさを表す言葉です。

# 9-2 マルチメディア

**正誤判定** 次の説明文が正しいか誤っているか答えなさい。

**338.** マルチメディアとは，静止画像，動画といった複数の種類のディジタルデータを統合的に扱うメディアで，文字や音声といったアナログデータは含まれない。

**339.** DRMは，マルチメディアデータと共にCDやDVDの製造時やメディア配信システムに組み込まれる技術で，不正コピー防止などに役立てられる。

**340.** PNGは，非可逆圧縮で24ビットカラー（約1677万色）の表現が可能な静止画のファイル形式である。

**341.** MPEG4は，非可逆圧縮で圧縮率が高く，携帯情報端末での再生やインターネット配信などで利用される動画のファイル形式である。

**342.** 動画の滑らかさは単位時間あたりの静止画の枚数であるビットレートによって決定する。

**343.** SGMLはデータベースを操作するために利用する代表的な言語である。

**344.** ZIPは文書やマルチメディアファイルを1つまたは複数をまとめて圧縮伸張する，日本発の代表的なファイル圧縮方式である。

**345.** ディスプレイでの色表現は光の三原色と呼ばれるCMYでの色空間で表現することが一般的である。

**346.** ディジタル画像の品質は，表示面積に対する画素の数を表す画素数，単位面積あたりの画素の密度を指す解像度，色の濃淡を指す階調によって決定する。

## 正誤判定 解答・解説

| | |
|---|---|
| × | マルチメディアには，文字情報や音声も含まれます。元データがアナログ情報の場合はディジタル化してコンピュータで扱えるようにします。 |
| ○ | DRM はデジタル著作権管理の略称です。 |
| × | PNG は可逆圧縮のファイル形式です。静止画の非可逆圧縮のファイル形式には JPEG があります。 |
| ○ | このほかに，圧縮率は低いものの画質が良く DVD-Video などで利用されている MPEG2 などがあります。 |
| × | フレームレートの説明です。ビットレートは，単位時間あたりの情報量を指し，画質を表します。 |
| × | 代表的なデータベース操作言語は SQL です。<br>SGML は，HTML や XML などの基礎となっているマークアップ言語です。 |
| × | 日本発の代表的なファイル圧縮方式は LZH です。ZIP は世界標準のファイル圧縮方式になります。 |
| × | 一般的にディスプレイでの色表現は光の三原色と呼ばれる RGB，印刷物の色表現は色の三原色と呼ばれる CMY で表現します。 |
| ○ | 画素は，コンピュータで画像を扱うときの最小単位の点のことで，ピクセルとも呼ばれます。 |

**347.** 仮想現実とも訳され，現実感を人工的に作る技術の総称をコンピュータグラフィックス（CG）と呼ぶ。

**348.** ディスプレイに映し出した画像に，バーチャル情報を重ねて表示することで，より便利な情報を提供する技術は AR である。

× バーチャルリアリティ（VR）の説明です。CGは，コンピュータによって作成された画像や動画の総称です。

○ VR（バーチャルリアリティ）に近い技術ですが，ARは現実世界にコンピュータ情報を重ねる技術になります。

# 9-3 データベース

**正誤判定** 次の説明文が正しいか誤っているか答えなさい。

**349.** 階層型データベースと異なり，複数の親データに複数の子データを持つことができるモデルで，項目同士が互いにリンクする形のデータベースをリレーショナル型データベースと呼ぶ。

**350.** NoSQL は管理するデータをデータベース以外の方法で蓄積する手法の総称である。

**351.** データベースの蓄積や，他のコンピュータやソフトウェアからのアクセス要求に適切に答える役割を果たすシステムを DBMS と呼ぶ。

**352.** 企業活動における情報分析と意思決定に利用するために，基幹システムから取引データなどを抽出して再構成，蓄積した大規模なデータベースをデータウェアハウスと呼ぶ。

**353.** リレーショナル型データベースでは，項目とデータはフィールドと呼ばれる表で管理され，項目に入るデータを行単位で表すレコードによって構成される。

**354.** データ利用時に，重複がなく，１つのデータ項目でレコードの特定ができる項目を主キーと呼ぶ。

**355.** 特定のキーに連なる情報を別テーブルに分ける正規化を第２正規化，さらに正規化を進め，主キー以外のキー（主にコード）に従属する項目を分離する正規化を第１正規化と呼ぶ。

**356.** インデックスは，リレーショナル型データベースにおいて，あるテーブルから他のテーブルの項目を参照する関係にある場合に，参照する側にあたる列に設定される。

## 正誤判定 解答・解説

× ネットワーク型データベースの説明です。リレーショナル型データベースは，データ項目を表形式のテーブルで保存し，データ項目を元にテーブル同士の関連付け（リレーション）を行います。

× 「Not Only SQL」の略で，関係データベース以外のデータベースおよびデータベース 管理システムを指す言葉として用いられます。

○ DBMS（データベース管理システム）を利用することで，複数の利用者が蓄積されたデータを共同利用することができます。

○ データウェアハウスに保存されたデータの中から，使用目的によって特定のデータを切り出して整理し直し，別のデータベースに格納したものをデータマートと呼びます。

× 表はフィールドではなくテーブルと呼ばれます。項目をフィールド，項目に入る行単位のデータをレコードと呼びます。

× 複数のキーによってレコードの特定ができる場合は，そのすべてが主キーとなります。

× 主キー以外のキー（主にコード）に従属する項目を分離する正規化は第３正規化です。第１正規化は， 繰り返しの部分を複数のレコードにして，繰り返しをなくします。

× インデックスではなく外部キーです。設定すると，参照する側に入力できるデータは，参照される側に既にあるデータに限られます。インデックスは，データを高速に取り出すための仕組みです。

**357.** テーブルから必要なレコードを抜きだすデータ操作を「選択」，テーブルから必要なフィールドを抜きだすデータ操作を「射影」と呼ぶ。

**358.** 複数の関連する処理を１つの処理単位としてまとめて処理することをトランザクション処理と呼び，銀行振込の処理などで役立てられている。

**359.** ロールバックは，障害が発生時に，バックアップファイルで保存されているポイントまでさかのぼり，さらにログファイルを元に障害直前の状態まで復元して，処理を再開するリカバリ方法である。

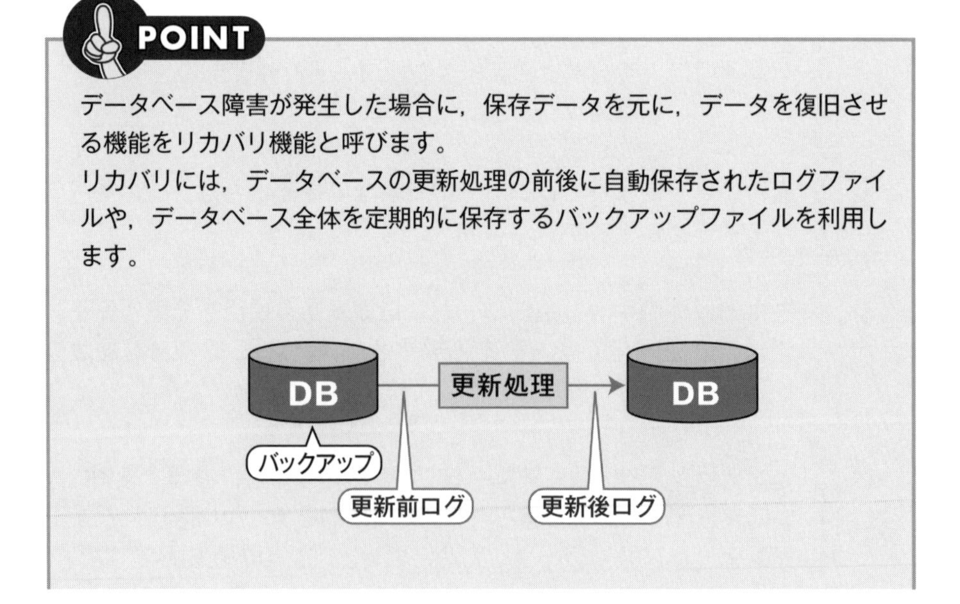

**POINT**

データベース障害が発生した場合に，保存データを元に，データを復旧させる機能をリカバリ機能と呼びます。
リカバリには，データベースの更新処理の前後に自動保存されたログファイルや，データベース全体を定期的に保存するバックアップファイルを利用します。

○ このほかに，レコードを追加する「挿入」，複数のテーブルを1つにする「結合」,レコードの内容を変更する「更新」などがあります。

○ トランザクション処理では，途中までの処理が成功していて，最後の処理で失敗した場合でも，該当する処理のすべてが失敗として扱われます。

× ロールフォワードの説明です。ロールバックは，トランザクション処理中に障害が発生した場合，処理開始前の状態にデータベースを戻すリカバリ方法です。

リカバリには状況に応じて，大きく2種類の方法がとられます。

**ロールフォワード**

データベースに障害が発生した際に,バックアップファイルで保存されているポイントまでさかのぼり，さらに更新後ログを元に障害直前の状態まで復元して，処理を再開するリカバリ方法です。

**ロールバック**

トランザクション処理中に障害が発生した場合，更新前ログを元に処理開始前の状態にデータベースを戻すリカバリ方法です。

1 企業と法務
2 経営戦略
3 システム戦略
4 開発技術
5 プロジェクトマネジメント
6 サービスマネジメント
7 基礎理論
8 コンピュータシステム
9 技術要素

# 9-4 ネットワーク

**正誤判定** 次の説明文が正しいか誤っているか答えなさい。

**360.** イーサネットは，イーサネットケーブルと呼ばれるLAN用のケーブルを利用してノードを接続するLANの構成である。

**361.** 無線LANのうち，2.4GHz帯の周波数帯を利用し，最大54Mbpsの転送速度である規格は，IEEE802.11aである。

**362.** NICはLANケーブルを接続するポート（穴）を設置する拡張カードである。

**363.** 複数のLANケーブルの集約装置のうち，受け取ったデータを接続された全機器に再送信する装置をスイッチングハブ，受け取ったデータの宛先を制御し再送信先を指定する装置をルータと呼ぶ。

**364.** スター型ネットワークは，トークンパッシング方式であるため，データの送信権を持ったトークンと呼ばれる信号をネットワーク内に巡回させ,トークンを獲得したコンピュータがデータ転送をすることができる。

**365.** スター型ネットワークは，集積装置を中心にコンピュータを接続する方式であるため，比較的コンピュータの増設が容易である。

**366.** LANとインターネットの境にあって，直接インターネットに接続できないLAN上の複数のコンピュータに代わってインターネットに接続するコンピュータをDNSサーバと呼ぶ。

**367.** ESSIDは，LANカードなどのネットワーク機器（ノード）を識別するために設定されている固有の物理アドレスである。

**368.** SDNを用いることで，同一回線上に別の仮想的なネットワークを構築することができる。

## 正誤判定 解答・解説

○ ノードとは，ネットワークに参加するコンピュータやハブなどの通信機器のことを指します。

× IEEE802.11gの説明です。IEEE802.11aは，最大転送速度54Mbpsですが，5.2GHz帯を利用します。

○ NICはネットワークインタフェースカードの略で，LANケーブルを接続するための拡張カードです。
よって，NICが持つ接続ポートはLANポートになります。

× データを接続された全機器に再送信する装置はリピータハブ，データの宛先を制御し再送信先を指定する装置はスイッチングハブです。ルータは，異なるネットワーク間でのデータ通信を中継する装置です。

× リング型ネットワークの説明です。スター型ネットワークは，ハブ（集積装置）を中心に放射状にコンピュータを接続するネットワークで，トークンパッシング方式ではありません。

○ 集積装置の増設も可能であり，大規模なネットワークやコンピュータが広範囲にわたる場合の対応も比較的容易に行えます。

× プロキシサーバの説明です。
DNSサーバは，IPアドレスをドメインに紐づけるサーバのことです。

× MACアドレスの説明です。ESSIDはIEEE802.11シリーズの無線LANに付けられるネットワークの識別子です。

○ SDNは物理的な通信線によるネットワーク上に，ソフトウェアによって仮想的なネットワー クを作り上げる技術全般を指します。

**369.** ネットワーク制御の方式のうち，データを送信したいノードが通信状況を監視し，ケーブルが空くと送信を開始する方式はCSMA/CD方式である。

**370.** LPWAは従来のBluetoothの規格と比較し，消費電力を最小まで抑えるために，チャンネル数を極限まで減らしたIoTエリアネットワークを支えるプロトコルである。

**371.** TCP/IPはインターネットなどで利用される通信プロトコルで，発信者の情報や宛先情報を含むデータを細かく分割するルールを規定するTCPと，データ送信の制御を行うIPの2つのプロトコルを組み合わせて利用する。

**372.** IPv6は，これまで32ビットで指定していたIPアドレス（IPv4）を，128ビットに拡張することで，IPアドレスの枯渇問題を解消する次世代のインターネットプロトコルである。

**373.** HTTPSはHTMLのセキュリティ面を強化したプロトコルで, SCMという暗号化技術を利用した通信を利用するための通信プロトコルである。

**374.** 電子メールでは，受信のためのプロトコルであるPOP，送信のためのプロトコルであるIMAPを組み合わせて利用する。

**375.** NTPは，インターネット上で利用される電子メールの規格で，NTPに対応したインターネットメールは様々なフォーマット（書式や画像などのマルチメディア）を扱うことができる。

**376.** IPアドレスを文字列に置き換えたものが，通常Webサイトのアドレスとして利用されるドメインであり，このドメインの割り当てを管理するシステムがプロキシサーバである。

**377.** IPアドレスには，PCのユーザーが各々自由に割り当てることができるプライベートIPアドレスと，世界に1つしかないグローバルIPアドレスがある。

○ 複数のノードが同時に送信を開始しケーブル内でデータが衝突した場合，両者は送信を中止し，ランダムな時間待って送信を再開します。

× BLE の説明です。
「LPWA（Low Power Wide Area）」は，なるべく消費電力を抑えて遠距離通信を実現する通信方式です。

× データを細かく分割するルールを規定するプロトコルが IP，データ送信の制御を行うプロトコルが TCP です。TCP では，宛先情報やデータ到着の確認・データの重複や抜け落ちのチェックなどを行います。

○ 徐々に PC やネットワーク機器での対応が進んでいます。

× 暗号化技術は SCM ではなく，SSL です。SCM は，サプライチェーンマネジメントの略で，物流などを管理するビジネスシステムです。

× IMAP は POP 同様に受信用のプロトコルで，メールサーバ上でメールの操作や保存をすることができます。送信用プロトコルは SMTP です。

× MIME（Multipurpose Internet Mail Extensions）の説明です。
NTP は，ネットワーク に接続されるコンピュータの内部時計を正しい時刻に調整するための通信プロトコルです。

× プロキシサーバではなく DNS です。プロキシは，LAN や WAN とインターネットの境にあり，内部のコンピュータに代わって，「代理」としてインターネットとの接続を行うコンピュータ（サーバ）のことです。

× プライベート IP アドレスは LAN の管理者によって割り当てられ管理します。ユーザーが各々で自由に設定するものではありません。

**378.** クローラは，ウェブ上の文書や画像などを取得し，それらの情報をデータベースに保存するプログラムで，検索サイトの全文検索型サーチエンジンなどで利用されている。

**379.** 電子メールで，to に A さん，cc に B さん，bcc にCさんを宛先として指定した場合，C さんに届いたメールの宛先情報には，C さん以外のメールアドレスは表示されない。

**380.** ブログや掲示板，プロフィール機能やメッセージのやり取り，コミュニティ機能などを組み合わせた総合的なコミュニケーションサービスを SNS と呼ぶ。

**381.** FTTH は，アナログ電話回線で音声通話に利用しない周波数帯を使用する，一般的に1.5bps～50Mbpsの通信速度で提供される通信回線である。

**382.** 自社で移動体通信用の設備を開設せずに携帯電話通信を提供する事業者をキャリアアグリゲーションと呼ぶ。

**383.** テザリングは，携帯電話回線に接続したスマートフォンなどをモデム兼無線 LAN アクセスポイントとして用いることを可能にする技術である。

**POINT**

無線 LAN の規格は非常にややこしいので，あいまいなままになっている人が少なくないはずです。
自信がない人は，以下の表で規格の違いを確認しておきましょう。

| 規　格 | 周波数帯 | 最大転送速度 | 説　明 |
|---|---|---|---|
| IEEE802.11b | 2.4GHz帯 | 11Mbps | 無線LAN普及のきっかけになった規格で現在も広く利用されています。 |
| IEEE802.11a | 5.2GHz帯 | 54Mbps | 高速ですが，周波数帯が異なるIEEE802.11bと互換性はありません。 |
| IEEE802.11g | 2.4GHz帯 | 54Mbps | IEEE802.11bと周波数帯が同じで互換性のある高速な規格です。 |
| IEEE802.11n | 2.4GHz帯<br>5.2GHz帯 | 300Mbps | 非常に高速な新しい無線LAN規格で，互換性も高く，普及が見込まれます。 |

○ サーチエンジンでは，日々更新されるWebサイトの情報を収集する必要があるため，周期的にWebサイトに訪れ，更新された情報を取得します

× Cさんには，Aさん，Bさんのアドレスが表示されます。AさんとBさんに届いたメールには，Cさんのメールアドレスは表示されず，この2人には，Cさんにメールが届いていることはわかりません。

○ 最近のWebコミュニケーションの中心的な存在になってきており，マーケティング活動などにも役立てられています。

× ADSLの説明です。FTTHは，光ファイバを利用した通信回線で，100Mbps程度のディジタル通信を行える通信回線です。

× MVNO（仮想移動体通信事業）の説明です。
キャリアアグリゲーションは異なる周波数帯を活用して通信を高速化する技術です。

○ 外出先でPCと接続してインターネットを利用するときに役立ちます。

# 9-5 セキュリティ

**正誤判定** 次の説明文が正しいか誤っているか答えなさい。

**384.** 情報資産は，コンピュータなどの機器，印刷した紙などの有形資産と，顧客情報，個人情報などのデータである無形資産に分類される。

**385.** 企業は顧客情報を扱うなど特別な役割を持つものを除き，すべての従業員に対して情報セキュリティに関する教育をする必要はない。

**386.** なりすましとは，悪意のある人が，システムの脆弱性を突いてシステムに不正侵入し情報の引き出しや破壊を行う人的脅威のことを指す。

**387.** 他人の Web サイト上の脆弱性につけこみ，悪意のあるプログラムを埋め込む行為をソーシャルエンジニアリングと呼び，マルウェアの侵入などのきっかけになる。

**388.** ランサムウェアに感染すると，PC 内のファイルがパスワード付きで暗号化され，解除用のパスワードの代わりに金銭を要求される。

**389.** シャドー IT は，あたかもシステムに直接的にアクセスしているかのように遠隔操作を行うマルウェアである。

**390.** 感染したコンピュータが管理する Web サイトを改ざんして，Web サイト上に感染用プログラムを仕掛けることで，別のユーザーがサイトを閲覧することにより感染を拡大させる方式のコンピュータウイルスをキーロガーと呼ぶ。

**391.** 「機会」「動機」「正当化」の 3 つが揃った時に不正が発生するという理論を不正のトライアングルと呼ぶ。

## 正誤判定 解答・解説

○ 情報資産とは，それ自体に資産価値のある情報やそれを扱う機器を指します。

× 企業は顧客情報の流出などが発生した場合，社会的な信用を失う。賠償金が発生するといったリスクにも直面することになります。よって，すべての従業員に教育を実施することが求められています。

× クラッキングの説明です。なりすましは，悪意のある人が社員や顧客の ID を不正に入手して，情報を引き出す人的脅威です。

× クロスサイトスクリプティングの説明です。ソーシャルエンジニアリングは，ユーザーや管理者から，話術や盗み聞きなどの社会的な手段で，情報を入手する人的脅威です。

○ ファイルを人質代わりにして金銭を要求するため身代金要求型ウイルスとも呼ばれます。

× RAT の説明です。シャドー IT は，企業側が把握していない状況で従業員が IT 活用を行うことを指します。

× ガンブラーの説明です。感染したコンピュータは，不正侵入のための仕掛けなどが埋め込まれるなどの被害にあいます。キーロガーは，キーボードからの入力を監視して記録するソフトウェアを悪用する脅威です。

○ この理論を念頭に統制環境を整えたり，内部監査を実施するなど社内体制を構築することで，不正を未然に防止する取り組みを実現します。

**392.** 主にWebサイトと連動しているデータベースに対して，不正なSQL文を実行することで，データベースを不正に操作する攻撃をパスワードクラックと呼ぶ。

**393.** キャッシュポイズニングは，Cookieの内容を書き換えることで偽サイトへアクセスさせる。

**394.** 情報セキュリティの原則のうち，必要な時に情報にアクセスできる状態を確保していることを可用性と呼ぶ。

**395.** 情報セキュリティマネジメントでは，情報セキュリティを実現するための組織や仕組みの管理を指し，その実現のためには，明文化された様々な規定である情報セキュリティポリシの策定が重要である。

**396.** 個人情報の取扱について，適切な保護措置を実行できる体制を整備している企業や組織を認定する，個人情報保護の分野で最も普及している認定制度はプライバシーマーク制度である。

**397.** 個人情報保護法では，個人情報取扱事業者は，その取り扱う個人データの漏えい，滅失又はき損の防止その他の個人データの安全管理のために必要かつ適切な措置を講じなければならないと記されている。

**398.** SOCはネットワークや接続機器を専門スタッフが常に監視し，サイバー攻撃の検出，攻撃の分析と対応策のアドバイスを行う。

**399.** J-CSIPはIPAが標的型サイバー攻撃の被害拡大防止のために，相談を受けた組織の被害の低減と攻撃の連鎖の遮断を支援する活動である。

**400.** 企業内に設置される，業務内にセキュリティ上の問題が発生していないか監視する組織をセキュリティ監査と呼ぶ。

× SQL インジェクションの説明です。
パスワードクラックは，コンピュータに保存されているデータや，送受信するデータから，パスワードなどの暗号を割り出す攻撃です。

× キャッシュポイズニングは，DNS サーバにキャッシュ（一時保存）してあるホスト名と IP アドレスの対応情報を偽の情報に書き換えることで，偽サイトへアクセスさせる脅威です。

○ 情報セキュリティの原則では，情報セキュリティには，「機密性」「完全性」「可用性」「責任追跡性」「真正性」「否認防止」「信頼性」を維持する必要があると定義しています。

○ 情報セキュリティポリシには，組織の情報セキュリティに対する取組み姿勢を示す基本方針と，基本方針を実現するための基準やルールである対応基準によって構成されます。

○ 企業はプライバシーマークを取得することによって，個人情報の保護意識が高い企業であると証明でき，消費者から信用を得ることができます。

○ 個人情報保護法に規定されている安全管理措置に関する説明（条文）です。

○ CSIRT がインシデント（障害）発生時の対応に重きを置くのに対し，SOC はインシデントの検知に重きを置きます。

× サイバーレスキュー隊（J-CRAT）の説明です。
J-CSIP（サイバー情報共有イニシアティブ）は，重要インフラで利用される機器の製造業者が参加して発足したサイバー攻撃に対抗するための官民による組織です。

× CSIRT の説明です。
情報セキュリティ監査は，外部の監査組織がシステムの情報セキュリティのしくみや運用が適切であるかを確認する監査業務です。

**401.** コンテンツフィルタとは，ディジタル文書の正当性を保証するために付けられる暗号化技術を用いた情報で，データの改ざんなどを防ぐことができる。

**402.** DLP システムは，パソコンに常駐するクライアントソフトである「DLP エージェント」，機密データを登録や DLP エージェントの監視する「DLP サーバ」, ネットワークを監視する「DLP アプライアンス」によって構成される。

**403.** ブロックチェーンは台帳を相互に管理しあい相互に情報を照合しあうことでデータの改ざんを防ぐ。

**404.** ペネトレーションテストは，外部から持ち込まれたコンピュータを組織内の LAN に接続する場合に，いったん検査専用のネットワークに接続して検査を行い，問題がないことを確認してから LAN への再接続を許可する仕組みである。

**405.** VPN は，物理的に遠くに存在するコンピュータが同一の LAN 内にあるように見えるので，複数の拠点を持つ企業の LAN 間の接続に広く利用される。

**406.** ワンタイムパスワードは，パスワードの流出に備えて，時限的に提供され，一度使用後は破棄されるパスワードである。

**407.** 共通鍵暗号は，複数の送信者がいる場合でも，それぞれに暗号鍵を用意する必要がなく，相手に鍵を送信する必要がないため暗号鍵の流出というリスクもなくなる。

**408.** 本人認証をする際に，複数の認証方法によって行うことで，より精度の高い認証を行うことをハイブリッド暗号方式と呼ぶ。

× ディジタル署名の説明です。コンテンツフィルタは，ネットワーク上の情報を監視し，コンテンツに問題がある場合に接続を遮断する技術です。

○ DLP（Data Loss Prevention）は，企業の機密情報を流出させないための包括的な情報漏えい対策のことです。システムによって機密情報とそうでないものを区別し管理することで機密情報を守ります。

○ ブロックチェーンは，仮想通貨の中核技術として発明された分散型台帳管理技術で，台帳を保持する者（仮想通貨の保有者）が仮想通貨の保有量や取引履歴を分散して保有しあい管理する仕組みです。

× 検疫ネットワークの説明です。ペネトレーションテスト（侵入テスト）は，実際にある攻撃方法や侵入方法などをシステムに対して行い，セキュリティ上の弱点を見つけるテスト手法です。

○ 公衆回線をあたかも専用回線であるかのように利用することを指します。

○ 主に金融機関の Web サービスなどで利用されています。

× 公開鍵暗号の説明です。共通鍵暗号は，安全性を確保するために複数の相手に対してはそれぞれに別の暗号鍵を用意しなければならず，共通鍵を相手に送信する際に流出のリスクが生じます。

× 多要素認証の説明です。
ハイブリッド暗号方式は，共通鍵暗号方式と公開鍵暗号方式の仕組みを組み合わせた暗号方式です。

**409.** ファイル暗号化を利用すると，OS などシステムファイルを含めた領域も暗号化でき，OS 起動時に復号のためのパスワードが求められるため，セキュリティを向上できる。

**410.** PKI は, コンテンツに情報を埋め込む形式の " 透かし " で, 著作権保護, 不正コピー対策などに役立てられている。

× ディスク暗号化の説明です。データをフォルダやファイル単位で暗号化するのではなく，ハードディスクを全体を暗号化することで安全性を高めます。ディスク全体が自動的に暗号化されるようになるので，ユーザは暗号化を意識せずに安全に利用できるようになります。

× 電子透かしの説明です。検出用のソフトを利用することで埋め込まれた情報を確認することができます。PKIは公開鍵暗号を用いたセキュリティインフラ（技術・製品全般）を指す言葉です。

MEMO

# Part 3

## 四択問題

本番の試験と同じ形式の問題を解くことで，知識の定着度を確認すると同時に，応用力を身につけましょう。

# 第1章 企業と法務

**四択問題** 次の説明文が正しいか誤っているか答えなさい。

**1.** 経営資源の説明として最も適切なものはどれか。

ア 企業活動の重要な資源であり，一般的にヒト・モノ・カネ・情報を指すもの
イ 企業活動の指針となる基本的な考え方であり，企業の存在意義や価値観などを示したもの
ウ 企業活動の中で定着してきた企業らしさのことで社風とも呼ばれるもの
エ 決算などの情報公開や環境対策など企業活動が与える影響への責任のこと

**2.** 災害や事故など予期せぬ事態が発生した際に，残された経営資源を元に，事業を継続または再開することを何と呼ぶか。

ア ファブレス
イ BC
ウ CRM
エ ロジスティクス

**3.** 職能別や地域別など，複数の組織形態で細かく分ける組織はどれか。

ア プロジェクト組織
イ 職能別組織
ウ 事業部制組織
エ マトリックス組織

# 1-1 企業活動

## 四択問題 解答・解説

### 解答 1 ア

ア **正解です。**最近では，企業活動に不可欠なものとして情報も含まれるようになっています。
イ 経営理念の説明です。企業は経営理念に基づいて活動します。
ウ 企業風土の説明です。企業独自の価値観や行動様式を指します。
エ CSR（企業の社会的責任）の説明です。

### 解答 2 イ

ア 工場を所有せずに製造業としての活動を行う企業のことです。
イ **正解です。**事業継続性とも呼びます。
ウ 顧客関係管理の略称で，顧客と企業の良好な関係を構築するためのシステムです。
エ 顧客のニーズなどに応じて，原材料の調達から製品が顧客の手に渡るまでの過程を最適化する経営手法のことです。

### 解答 3 エ

ア プロジェクト組織は，特定のプロジェクトのために各部署から選抜されたメンバーで構成される期間限定の組織です。
イ 職能別組織は，営業・経理・人事など職能によって分けられた組織形態です。
ウ 事業部制組織は，事業部ごとのある程度の権限を与えられて活動できる組織形態です。
エ **正解です。**マトリックスとは，マス目などの意味を表します。

**4.** 社員教育手法のうち，実際に仕事をしながら，上司や先輩社員から仕事を学ぶ，非常に実践的な教育手法はどれか。

ア　OJT
イ　ロールプレイング
ウ　ホワイトボックステスト
エ　ブラックボックステスト

**5.** アダプティブラーニングの説明として適切なものはどれか。

ア　従業員ひとりひとりの能力に合わせた教育研修を提供する。
イ　従業員の考え方や視野を広げるために，ひとつの職種ではなく，多くの職種を経験させる。
ウ　教育担当者が対象者との対話によって目標達成につなげる手法です。質問を投げかけることで，従業員の自発的な行動を促す。
エ　教育担当者が対象者との対話によって自らの経験などを伝えることで足りない知識や意識を植え付け，従業員の自立につなげる。

**6.** ブレーンストーミングの実施に関する記述の中で最も適切なものはどれか。

ア　批判や批評を歓迎する。
イ　量よりも質を重視する。
ウ　他人のアイデアへの便乗を歓迎する。
エ　なるべく多くの参加者を募る。

**7.** 業務分析や業務計画で利用する図式のうち，棒グラフを値が大きい順に並べ替え，その累積構成比を折れ線グラフで表現したものはどれか。

ア　ヒストグラム
イ　パレート図
ウ　管理図
エ　レーダーチャート

## 解答 4　ア

ア　**正解です。** On-the-Job Training の略称です。
イ　ロールプレイングは，役割（ロール）を演じる（プレイ）ことでコツや問題点に気付かせる手法です。
ウ　システム開発のプログラミング時に行う単体テストの代表的な手法です。
エ　システム開発のテスト時の代表的な手法です。

## 解答 5　ア

イ　CDP（経歴開発計画）の説明です。
ウ　コーチングの説明です。
エ　メンタリングの説明です。

## 解答 6　ウ

ブレーンストーミングは，少人数のグループで，問題の解決に向けてのアイデアを自由に出し合う手法です。発想の誘発を促す手法です。

実施には，1. 批判厳禁，2. 自由奔放，3. 質より量， 4. 便乗歓迎という 4 つのルールが存在します。

## 解答 7　イ

ア　ヒストグラムは階級で区切った値を棒グラフ化したものです。
イ　**正解です。** 全体の項目の中で，それぞれの項目の占める割合が明確になり，優先度把握に役立ちます。累積構成比で区切る ABC 分析にも活用されます。
ウ　管理図は値を折れ線グラフで表し，上限限界（UCL），下限限界（LCL）の 2 本の管理限界線がある図です。
エ　レーダーチャートは複数の項目を多角形上に表し，隣同士の値を線で結んだものです。項目間の比較などに役立ちます。

**8.** 図はフィッシュボーンチャートの一部を表したものである。a，b の関係はどれか。

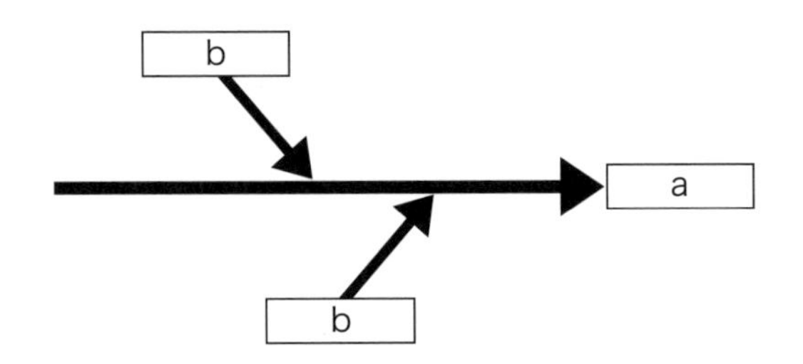


ア　b は a の属性である。
イ　b は a の目的である。
ウ　b は a の原因である。
エ　b は a の手段である。

**9.** いずれも時価 1,000 円の 4 つの株式があり，そのうちの 1 つに投資したい。経済の成長が高成長，中成長，低成長の場合，それぞれの株式の予想値上がり幅が表のとおりであるとき，値上がり幅の期待値が最も高い株式はどれか。ここで，高成長，中成長，低成長になる確率はそれぞれ 0.3，0.5，0.2 であり，経済が成長しない場合は考えないものとする。

単位　円

| 株　式 | 高成長 | 中成長 | 低成長 |
|---|---|---|---|
| A | 200 | 300 | 100 |
| B | 400 | 200 | −200 |
| C | 300 | 200 | 0 |
| D | 300 | 200 | 100 |

ア A　イ B　ウ C　エ D

## 解答 8　ウ

フィッシュボーンチャートとは，特性要因図とも呼ばれ，特性（課題や結果）の要因の関係を整理するために利用される図式です。

A が特性（課題や結果）にあたり，b はその A の特性の原因となるものを表します。

よって，ウが正解となります。

## 解答 9　ア

それぞれの期待値を求めると以下のとおりとなります。

| | | |
|---|---|---|
| 株式 A | 200×0.3＋300×0.5＋100×0.2 | ＝ 60＋150＋20＝230（円） |
| 株式 B | 400×0.3＋200×0.5－200×0.2 | ＝ 120＋100－40＝180（円） |
| 株式 C | 300×0.3＋200×0.5＋0×0.2 | ＝ 90＋100＋ 0＝190（円） |
| 株式 D | 300×0.3＋200×0.5＋100×0.2 | ＝ 90＋100＋20＝210（円） |

よって，値上がりの期待値が一番大きいのは，株式 A になります。

**10.** 損益計算資料から求められる損益分岐点となる売上高は何百万円か。

**[損益計算資料]**

単位　百万円

|  |  |
|---|---|
| 売上高 | 400 |
| 　材料費（変動費） | 200 |
| 　外注費（変動費） | 80 |
| 　製造固定費 | 70 |
| 粗利益 | 50 |
| 　販売固定費 | 20 |
| 　営業利益 | 20 |

ア 300　　イ 128　　ウ 103　　エ 63

**11.** 繰延資産の説明として最も適切なものはどれか。

ア　通常の営業取引の過程で生じた，1年以内に現金化・費用化ができる資産

イ　1年以上継続的に保有される，形のある土地，建物，機械，備品などの資産

ウ　1年以上継続的に保有される，形を有しない著作権，特許権などの資産

エ　費用とせずに資産として計上することで複数年に分割して償却する資産

**12.** キャッシュフロー計算書の説明のうち，最も適切なものはどれか。

ア　企業の一定期間の損益を表したもの

イ　特定の時点の企業の資産，負債，純資産をまとめ財政状態を表したもの

ウ　純資産の変動状況を表したもの

エ　会計期間における現金収支を表したもの

## 解答 10　ア

損益分岐点は以下の計算式で求められます。

損益分岐点＝ 固定費／（1 －（変動費／売上高））
＝ 90 ／（1 －（280 ／ 400））
＝ 90 ／ 0.3
＝ 300（百万円）

> 材料・配送費など販売量や生産量によって変化する費用を変動費，機械・土地など販売量に関係なくかかる費用を固定費と呼びます。また，営業利益に営業外収支（利息など）を加えた利益を経常利益，経常利益に特別収支（固定資産売却など）を加えた利益を純利益と呼びますので，併せて覚えておく必要があります。

## 解答 11　エ

ア　流動資産の説明です。
イ　有形固定資産の説明です。
ウ　無形固定資産の説明です。
エ　**正解です。** 創立費，開業費，開発費，株式交付費，社債発行費の 5 つだけが認められています。

## 解答 12　エ

ア　損益計算書の説明です。
イ　貸借対照表の説明です。
ウ　株主資本等変動計算書の説明です。
エ　**正解です。** 現金収支のことをキャッシュフローと呼びます。

> 財務諸表には，それぞれ略称がよく用いられます。
>
> **損益計算書＝ P/L**（Profit and Loss Statement の略）
> **貸借対照表＝ B/S**（Balance Sheet の略）
> **キャッシュフロー計算書＝ C/S**（Cash Flow Statement の略）
> **株主資本等変動計算書＝ S/S**（Statements of Shareholders' Equity の略）

# 1-2 法　務

## 四択問題

**13.** 著作権の対象とならない著作物はどれか。

ア　音楽
イ　コンピュータプログラム
ウ　アルゴリズム
エ　映画

**14.** ソフトウェアのライセンスを保有していることを証明する手続きとして適切なものはどれか。

ア　サブスクリプション
イ　パブリックドメイン
ウ　アクティベーション
エ　シェアウェア

**15.** 産業財産権のうち，物品の形状･模様･色彩などを保護する権利はどれか。

ア　特許権
イ　実用新案権
ウ　意匠権
エ　商標権

**16.** パブリシティ権の説明として，最も適切なものはどれか。

ア　成人に達した国民が選挙によって代表者を選ぶ権利
イ　自分の肖像（顔や姿）を無断で写真や絵画にされ，公表されないための権利
ウ　新開発した技術を独占的に広報する権利
エ　著名人が，自身の氏名や肖像が持つ経済的価値を独占的に所有・利用するための権利

# 四択問題 解答・解説

## 解答 13 ウ

著作権の対象となるのは,「思想または感情を創作的に表現したものの内,文学・学術・美術・音楽の範囲に属する」著作物になります。

選択肢では,アルゴリズムが対象外となります。アルゴリズムは処理手順のことを指す言葉です。

## 解答 14 ウ

ア ソフトウェアやサービスの販売形態として,導入時の一括払い(買い切り)ではなく,利用期間に応じて利用料金を支払う販売形態です。

イ 著作権が放棄また著作権保護期間を終えた著作物を指す言葉です。

ウ **正解です。**ソフトウェアをインストールした際にインターネットなどを通じてアクティベーションを行うことで,継続的にソフトウェアを利用することができます。

エ 一定期間の試用の後に継続利用する場合にライセンス料を支払うソフトウェアです。

## 解答 15 ウ

ア 特許権は,発明の保護と利用を図る権利です。

イ 実用新案権は,物品の形状,構造,組み合わせに係る考案を保護する権利です。

ウ **正解です。**物品のデザインに関する権利です。

エ 商標権は,名称やマークなど物品の信用力(ブランド)を保護する権利です。

## 解答 16 エ

プライバシーの反対語がパブリシティで,そのまま「公になる権利」のことです。イの選択肢は肖像権の説明であり,プライバシーの権利の一部を指します。

**17.** 日本の情報セキュリティに関する基本理念を定め，国や地方公共団体の責務等を明らかにし，内閣に専門機関を置くことを定めた法律は何か。

ア　電気通信事業法
イ　不正アクセス禁止法
ウ　サイバーセキュリティ基本法
エ　電波法

**18.** 不正アクセス禁止法で違法とされている行為はどれか。

ア　手帳を盗み見て他人の ID とパスワードを確認した。
イ　他人のブログにブログ管理の誹謗中傷コメントを書き込んだ。
ウ　他人の ID とパスワードを無断で利用し，ネットショッピングを行った。
エ　本人の了解を得ずに，メールアドレスを第三者に教えた。

**19.** 労働基準法の説明として，最も適切なものはどれか。

ア　賃金の最低額を保証し，労働者の生活の安定を図る目的で制定された法律である。
イ　法律の中では強制労働の禁止や中間窃取の禁止などの禁止事項も定められている。
ウ　1 日 8 時間・週 48 時間，休憩・休日などの労働時間の原則を定めている。
エ　労働組合の組織を認め，使用者との対等な交渉を実現する法律である。

## 解答 17 ウ

サイバーセキュリティ基本法では，国や地方公共団体のサイバーセキュリティ戦略の策定やその他当該施策の基本となる事項等を規定し，内閣にサイバーセキュリティ戦略本部の設置を定めています。

## 解答 18 ウ

いずれもマナー違反や個人情報保護違反などに該当する行為ですが，不正アクセス禁止法において違法行為とされるのは，他人のIDやパスワードを不正に利用する行為であるウになります。

> 不正アクセスの予防・対応には次のようなものが挙げられます。
> - ・パスワードを定期的に変更する
> - ・IDロック（特定の回数パスワードを間違えた場合にIDを使用不可にする）の使用
> - ・ウイルスやセキュリティホールへの対応

## 解答 19 イ

ア　最低賃金法の説明です。
イ　**正解です。**最低年齢や妊産婦に関する規定も含まれます。
ウ　1日8時間・週40時間が労働時間の原則として謳われています。
エ　労働組合法の説明です。

**20.** 派遣契約に基づいて就労している派遣社員に対する派遣先企業の対応のうち，適切なものはどれか。ここで，就業条件などに特段の取決めはないものとする。

ア　派遣先企業の管理者が派遣社員に対して，業務報告書の提出を求めた。
イ　派遣社員の業務が定時に終了しなかったので，派遣先企業の社員と同様の残業を行うよう指示した。
ウ　派遣社員のミスによって生じた製品の不具合について，派遣元企業に対して製造物責任を追及した。
エ　派遣社員の同意の元，休日出勤を直接指示し，休日出勤手当を直接支払った。

**21.** コーポレートガバナンスに関する記述のうち，最も適切なものはどれか。

ア　M&Aの危機を未然に防ぐことを目的とした活動のことである。
イ　各種法律の他にも各種基準や情報倫理などを守る取り組みの総称である。
ウ　主にインターネット上のコミュニケーションなどで守るべきルールや倫理規定のことである。
エ　企業活動の中でも経営活動の健全化を目的とした取り組みである。

**22.** 教育担当者が自らの経験などを伝えることで，従業員に足りない知識や意識を植え付け，モチベーションを維持や自立につなげる研修手法は何か。

ア　タレントマネジメント
イ　Off-JT
ウ　コーチング
エ　メンタリング

## 解答 20　ア

派遣先企業は派遣社員に対して，派遣法および派遣契約上で定められた範囲の業務についての指示・監督権を持っています。

ア　**正解です。**業務上必要な報告書の提出は業務範囲外にあたりません。
イ　残業の扱いは派遣契約上で定められた条件でなければ認められません。
ウ　派遣社員のミスが原因であっても，製造物責任は製造元である派遣先企業に生じるもので，派遣元企業を追及することはできません。
エ　派遣社員の同意があっても，派遣元企業との契約にない休日出勤を指示することも手当を直接支払うこともできません。

## 解答 21　エ

ア　買収防衛策の説明です。
イ　コンプライアンスの説明です。
ウ　ネチケットの説明です。
エ　**正解です。**企業は，これにより市場や顧客から信頼を得ることができます。

## 解答 22　エ

ア　従業員の持つ特性・能力を活かす人的管理手法です。
イ　性別や国籍などの多様性を活用して競争優位につなげる取り組みです。
ウ　目標達成や課題解決のための具体的な解決法を対話の中で導き出す研修手法です。
エ　**正解です。**モチベーションや向上心といった基本的な意識付けを行ったうえで，コーチングにつなげます。

**23.** デファクトスタンダードの意味として，最も適切なものはどれか。

ア　世界中どこでも通用する世界標準の仕様
イ　国際標準化機構が定めた規格
ウ　各々の企業活動の中で事実上の業界標準になった仕様
エ　日本規格協会が定めた規格

**24.** 下図のバーコードの特徴として最も適したものはどれか。

ア　商品に表記されていて，主にレジスターでの精算や在庫管理などで使われている。
イ　横方向に読み取る一次元バーコードに対し，より多くの情報を表すことができる二次元コードである。
ウ　国内では，JAN コードという統一規格が利用され，バーコードの下に文字も記載される。
エ　OHP の普及により世間でも広く使われるようになった。

**25.** IT 分野に限らず，環境マネジメントや品質マネジメントなど電機分野を除く工業分野の規定を策定している標準化団体はどれか。

ア　W3C
イ　IEEE
ウ　IEC
エ　ISO

## 解答 23　ウ

デファクトスタンダードとは，特定の業界において市場競争の結果，業界標準として広く認められた仕様のことを指します。

ア　グローバルスタンダードと呼ばれる仕様です。
イ　ISO9000（品質マネジメントシステム）やISO14000（環境マネジメントシステム）などがこれにあたります。
ウ　**正解です。**初めは特定の企業などで採用した規格が広まったものです。
エ　日本語文字コードなどJIS規格と呼ばれる規格です。

## 解答 24　イ

ア　一次元コードの説明です。
イ　**正解です。**黒と白のパターーンで情報を表し，バーコードより多くの情報を記載できます。
ウ　一次元コードの説明です。
エ　普及のきっかけはOHPではなく携帯電話の普及です。OHPはスキャナで読み取った画像から文字情報を読み取りテキスト情報に変換する入力装置です。

なお，一次元コードとは以下のようなものです。

## 解答 25　エ

ア　W3Cは，インターネット上の言語表記技術分野の標準化団体です。
イ　IEEEは，無線LANや機器接続インタフェースなど電気・電子技術分野の規格を策定している標準化団体です。
ウ　IECは，ガウス・ヘルツなどの単位規格を策定する電気・電子技術分野の標準化団体です。
エ　**正解です。**問題文中の品質マネジメントシステムはISO9000，環境マネジメントシステムはISO14000という規格になります。

# 第2章 経営戦略

**四択問題** 次の説明文が正しいか誤っているか答えなさい。

**26.** アライアンスの説明として正しいものはどれか。

ア　競合他社よりも，顧客にとってより良い価値を提供する仕組み
イ　競合他社が簡単に真似できない強みのこと
ウ　企業間で提携し，共同で事業を進めていくこと
エ　自社の業務の一部を，専門業者などの外部に委託すること

**27.** 企業のオーナーから経営陣が独立するため，企業の経営陣が所属する企業や事業部門を買収するM&A手法はどれか。

ア　垂直統合
イ　TOB
ウ　MBO
エ　シックスシグマ

**28.** 企業Aは，市場が拡大している分野の新商品Xを開発し販売を始めた。まだシェアは小さいがこれからの成長が期待できる商品Xは，PPMを用いたとき，どの分類にあたるか。

ア　花形商品
イ　負け犬
ウ　問題児
エ　金のなる木

# 2-1 経営戦略マネジメント

## 四択問題 解答・解説

### 解答 26 ウ

ア 競争優位の説明です。
イ コア・コンピタンスの説明です。
ウ **正解です。** 資本関係を伴うものと伴うものがあり，資本関係があるほど強固なアライアンスといえます。
エ アウトソーシングの説明です。

### 解答 27 ウ

ア 仕入先や販売先のM&Aなどにより，事業領域を広げることです。
イ 経営陣ではない株主が買収するM&A手法です。
ウ **正解です。** Management Buyoutの略で，経営陣による自社買収のことです。
エ 品質の"ばらつき"を減らすよう原因追求と対策をする品質管理手法です。

### 解答 28 ウ

複数の事業や製品を持つ企業が，最も効果的な経営資源の配分になるような事業や製品の組み合わせを決定するためにPPMを用います。PPMの分類は，市場成長率をシェアによって区分され，次のように分類されます。

| 分類（戦略） | | 市場成長率 | |
|---|---|---|---|
| | | 高い | 低い |
| シェア | 大きい | 花形商品（成長→維持） | 金のなる木（安定利益） |
| | 小さい | 問題児（育成） | 負け犬（撤退） |

よって，商品Xは問題児という分類になります。

**29.** 顧客の個人情報や購入履歴，商品情報などの蓄積されたデータを元に，商品ごとの購買層の分析をする場合に利用するオフィスツールとして最も適切なものはどれか。

ア　ワープロソフト
イ　表計算ソフト
ウ　プレゼンテーションソフト
エ　データベースソフト

**30.** マーケティングの4Pとされる要素に含まれないものはどれか。

ア　製品（Prodact）
イ　価格（Price）
ウ　売り場（Place）
エ　顧客（People）

**31.** ニッチマーケティングの活動にあたるものはどれか。

ア　新聞の全国版に新商品の広告を掲載した。
イ　顧客の購入履歴から趣味や嗜好を割出し，顧客ごとにお勧めの商品をメールで案内した。
ウ　事前に許可を得た顧客に対し，キャンペーン情報を掲載したパンフレットを送付した。
エ　検索数の少ないキーワードに対して，検索エンジン連動型のキーワード広告を掲載した。

## 解答 29 イ

本問は，データの蓄積ではなく，そのデータをもとに分析を行うために利用するソフトを問う問題です。

ア　ワープロソフトは，分析調査結果を報告書などの文書形式でまとめるときに利用します。

イ　**正解です。**表計算ソフトは，収集したデータの計算や簡単な統計分析などのデータ加工に利用します。

ウ　プレゼンテーションソフトは，プレゼン資料の作成と発表ツールとして利用します。

エ　データベースソフトは，データの収集と蓄積，必要なデータの絞り込みなどに利用します。

## 解答 30 エ

マーケティングの 4P とは，製品（Product），価格（Price），流通・売り場（Place），販売促進・広告（Promotion）の 4 つの視点から戦略を練る考え方です。よって，エが正解となります。

## 解答 31 エ

ア　マスマーケティングの説明です。対象を特定せずに，すべての消費者にマーケティング活動を行います。

イ　ワントゥワンマーケティングの説明です。

ウ　パーミッションマーケティングの説明です。事前に許諾（パーミッション）を得た顧客に対し，販売促進（製品情報の配信など）を行う。

エ　**正解です。**ニッチマーケティングは，特定の分野や消費者に対してターゲットを絞ったマーケティング手法です。

**32.** 重要な成功要因に経営資源を集中させる戦略をとるために用いられる，成功要因を明らかにする手法はどれか。

ア　VE
イ　CSF
ウ　BSC
エ　SCM

**33.** コールセンターシステムの説明として正しいものはどれか。

ア　電話応対担当が顧客情報を容易に参照できるため，1名のオペレータで業務が可能になる。
イ　一元化された顧客情報データベースから顧客情報を分析，抽出するなどの機能を備えているため営業効率が向上する。
ウ　大人数のオペレータによる業務を可能にする電話応対システムであり，オペレータは顧客情報を参照できる。
エ　電話やFAXをコンピュータにつないだシステムで，即座に顧客情報をオペレータに表示することなどができる。

## 解答 32 イ

ア VE（バリューエンジニアリング）は，企業の製品価値やサービス価値の向上を目指すための手法です。

イ **正解です。**CSF（主要成功要因）は，戦略レベルだけでなく，部門や個人といったレベルまで分析します。

ウ BSC（バランス・スコアカード）は，ビジネス戦略や各業務の評価をし，見直しを行うために使われる情報分析手法です。

エ SCM（サプライチェーンマネジメント）は，商品供給の一連の流れに参加する部門や外部企業の情報共有によって業務の効率化を目指す手法です。

## 解答 33 ウ

ア コールセンターシステムは大人数のオペレータによる業務を実現するシステムです。

イ SFA（営業支援システム）の説明です。

ウ **正解です。**顧客開拓やマーケティング活動にも利用されます。

エ CTIの説明です。一般的にコールセンターシステムと組み合わせて用います。

# 2-2 技術戦略マネジメント

**四択問題** 次の説明文が正しいか誤っているか答えなさい。

**34.** デルファイ法の活用に関する記述のうち，最も適切なものはどれか。

ア　複数の専門家に匿名性のアンケートを複数回実施した。
イ　専門家によるパネルディスカッションを行った。
ウ　その分野の第一人者と呼ばれる専門家にアンケートを実施した。
エ　その分野の第一人者と呼ばれる専門家にインタビューを行った。

**35.** 企業が研究開発を進める技術のうち，どの技術領域にどれだけ経営資源を投入するかを判断することを何と呼ぶか。

ア　技術ポートフォリオ
イ　特許戦略
ウ　プロセスイノベーション
エ　プロダクトイノベーション

**36.** ハイテク業界において新製品・新技術を市場に浸透させていく際に見られる，初期市場から市場への浸透への移行を阻害する深い溝のことを何と呼ぶか。

ア　ダーウィンの海
イ　キャズム
ウ　死の谷
エ　シックスシグマ

## 四択問題 解答・解説

### 解答 34 ア

デルファイ法は，技術戦略の立案のために必要な技術動向や製品動向を分析するために活用される手法です。

匿名制のアンケートを複数回実施し，複数の専門家が持つ直観的な意見や経験からの判断を集約し，技術動向や製品動向といった未来予測に役立てられます。直接専門家同士が顔をあわせて話し合うパネルディスカッションなどに比べ，他の専門家の影響を排除することができるため，より率直な意見を得ることが可能です。

### 解答 35 ア

ア **正解です。** 最も効果的な配分を決定するための情報分析手法です。

イ 企業が開発した技術などの知的財産に対して，効率的に特許を取得する戦略です。

ウ 研究開発，製造，物流の各業務プロセスにおける改革のことです。

エ 革新的な新技術を取り入れた新製品を開発するなど，製品に関する技術革新のことです。

### 解答 36 イ

ア 研究開発より得られた新技術を事業化した時に，市場においてその事業を成功させるために存在する障壁のことを指します。

イ **正解です。** アーリーアダプターとアーリーマジョリティの間に存在する障壁がこれに該当します。

ウ 技術経営において，研究開発したものを事業化するうえで存在する障壁のことを指します。

エ TQC を研究・発展させた品質管理手法または経営手法です。

**37.** ロードマップに関する記述のうち，最も適切なものはどれか。

ア　企業を将来の外部環境などを，シナリオにより描写し分析する手法

イ　技術開発計画に基づき，リリース予定をまとめた図表

ウ　専門家による業種や技術の動向分析レポート

エ　技術開発計画に関連する新技術や動向をまとめたもの

**解答 37　イ**

　ロードマップは，技術開発計画に基づき，リリース予定をまとめた図表を指します。時系列で各製品の世代的な前後関係が分かりやすく記載されていて，専門家や投資家，他企業にとって製品動向や技術動向の貴重な資料にもなります。

　なお,アの説明はシナリオライティングと呼ばれる分析手法の説明です。

# 2-3 ビジネスインダストリ

**四択問題** 次の説明文が正しいか誤っているか答えなさい。

**38.** 小型のICチップを埋め込んだICタグを無線で移動中でも認識させて利用するシステムで，非接触IDカード（乗車カードや社員証，電子マネー）などにも利用されているものはどれか。

ア GPS
イ ETC
ウ POS
エ RFID

**39.** AIの活用事例として適切なものはどれか。

ア あらかじめ想定される問答を商品ごとに表示するFAQシステム。
イ 赤外線センサを利用して衝突を回避する自動車の自動運転機能。
ウ インターネットに接続し，渋滞情報や走行状況を共有する機能を持つ自動車。
エ 入退室する従業員の顔を自動認識する勤怠管理システム。

**40.** A社では，工業用品の設計から製造･加工までを一手に引き受けている。工業製品を3次元設計したデータを元に生産準備全般を行い，コンピュータの管理により産業ロボットによる製造を行っている。この一連の業務の中で，生産準備全般を行うためのシステムはどれか。

ア CAD
イ CAM
ウ FA
エ CIM

## 四択問題 解答・解説

### 解答 38 エ

ア GPS 応用システムは，人工衛星を利用し自分がどこにいるのかを割り出すシステムです。

イ ETC は高速道路におけるノンストップ自動料金収受システムです。

ウ 商店などで利用される商品管理システムで，主にバーコードを利用し，在庫情報や顧客の購買情報を更新・管理します。

エ **正解です。** 在庫管理や生産者情報管理などにも利用されています。

### 解答 39 エ

ア あらかじめ想定される問答を人間が用意しているため AI の活用事例としては不適切です。

イ センサを用いた自動運転の事例です。

ウ IoT を活用したコネクテッドカーの説明です。

エ **正解です。** AI による画像認識を活用する事例です。

### 解答 40 イ

ア CAD はコンピュータを用いて設計を行うエンジニアリングシステムです。3 次元設計に強い点が特徴です。

イ **正解です。** CAM は設計を行う CAD と実際に製造を支援する製造・加工システムの中間に位置するシステムです。CAD と組み合わせて CAD/CAM システムとも呼ばれます。

ウ FA は工場の自動化の略で，コンピュータを用いて，工場を自動化するエンジニアリングシステムです。

エ CIM は，生産現場における製造情報，技術情報，管理情報といった様々な情報を一元管理し，生産の効率性を高めるシステムです。

**41.** MRP の説明として最も適切なものはどれか。

ア　工場を自動化するエンジニアリングシステム。
イ　必要な物を，必要な時に，必要な量だけ " 生産する生産方式。
ウ　企業の生産計画に基づいて，必要な資材や部品の所要量と発注時期を割り出し手配する生産方式。
エ　多種製品の製造に向いている工作機械を使用し自動生産する生産システム。

**42.** EC における B to G に該当するものはどれか。

ア　インターネットオークションで，自分が縫製した洋服を販売した。
イ　企業が地方自治体の公共事業に関する電子入札に参加した。
ウ　オンラインモールにある家電メーカーが運営する店舗で商品を購入した。
エ　自社の Web サイト上で企業向けソフトウェアのライセンスを販売した。

**43.** ロングテールの説明として最も適切なものはどれか。

ア　多品種の少量販売により，全体の売り上げを大きくするマーケティング手法
イ　電子化された注文書や請求書などをやり取りする企業間取引
ウ　広告メールを受け取ることを承諾している人に送信されるメール広告
エ　販売元と購入者の間に入り，商品と代金のやり取りを取り持つサービス

**44.** Web マーケティング手法のうち，検索エンジンにおける検索順位対策に特化した取り組みとして適切なものはどれか。

ア　検索頻度の向上や被リンクの獲得といった SEO 対策を実施した。
イ　LPO と呼ばれる被リンク獲得のためのサービスを利用した。
ウ　検索キーワードに合わせたリスティング広告を掲載することで検索順位の向上を図った。
エ　多種多様な商品を Web サイトで扱うニッチ戦略によって幅広く検索エンジンの順位を向上させた。

## 解答 41 ウ

ア　FA（Factory Automation：工場の自動化）の説明です。
イ　JIT（Just In Time：ジャストインタイム）の説明です。
ウ　**正解です。** MRP は，Material Requirements Planning（資材所要量計画）の略称です。
エ　FMS（Flexible Manufacturing System：フレキシブル生産システム）の説明です。

## 解答 42 イ

ア　インターネットオークション上の個人間取引なので，C to C です。
イ　**正解です。** B to G の G は Government を指し，企業と政府や公共機関との取引にあたります。
ウ　企業がインターネットを介して個人に商品を販売しているので，B to C です。
エ　企業間取引にあたりますので，B to B の例になります。

## 解答 43 ア

ア　**正解です。** 販売機会の少ないニッチ商品でも売り上げをあげる考え方です。
イ　EDI（Electronic Data Interchange：電子データ交換）の説明です。
ウ　オプトインメール広告の説明です。
エ　エスクローサービスの説明です。

## 解答 44 ア

ア　**正解です。** 検索エンジン最適化の略称で，検索順位が上がるようにWeb サイト内のキーワードや更新頻度の最適化や被リンクの獲得といった取り組みを行います。
イ　ランディングページと呼ばれる広告等をクリックした際に最初に表示されるページの最適化を行います。
ウ　検索結果の上部などに表示され検索キーワードに関連したテキスト広告です。
エ　ニーズの絶対数が少ないながらも成約率の高い商品を販売することで効率よく売上を獲得するマーケティング戦略です。

# 第3章　システム戦略

**四択問題**　次の説明文が正しいか誤っているか答えなさい。

**45.** 顧客とのつながりを主目的として構築されるシステムを何と呼ぶか。

ア　フロントエンド
イ　SoE
ウ　SoR
エ　バックエンド

**46.** システムの分析・設計において，E－R図によって記述されるものはどれか。

ア　事象の特性や状態，事象同士の関係
イ　課題や結果の要因やその関係
ウ　4つの要素を用いて図にしたデータの流れ
エ　作業工程の流れや作業にかかる時間

# 3-1 システム戦略

## 四択問題 解答・解説

### 解答 45 イ

ア ユーザから見えているWebサイトのデザインを含めたインターフェイス部分です。

イ **正解です。**顧客やビジネスパートナーとの関係をつなぐために利用されます。

ウ 記録を主目的として構築されるシステムです。

エ ユーザが意識しない，見えないWebサイトの裏側にあたるサイト内部の処理部分です。

### 解答 46 ア

ア **正解です。**エンティティ（Entity：実体）とリレーションシップ（Relationship：関連）を使い，データの関連図を作成する手法です。

イ 特性要因図の説明です。整理した図が魚の骨のように見えるので，フィッシュボーンチャートとも呼ばれます。

ウ DFDの説明です。ファイル（データストア），データフロー，プロセス（処理），外部（データ源泉）の4要素を用いて図にします。

エ PERT（アローダイアグラム）の説明です。矢印で作業（アクティビティ），丸印でイベント（ノード）を表します。

**47.** 業務の効率化やコスト削減のために，既存業務の手順の見直しをした上で，業務の流れを再構築する手法はどれか。

ア　ワークフローシステム
イ　BPM
ウ　BPR
エ　SFA

**48.** ソリューションサービスのうち，SaaS の説明として正しいものはどれか。

ア　依頼元の企業が用意したサーバーを専門業者が預かり，ネットワークやセキュリティが整った環境を貸し出すサービス
イ　共用サーバーに用意したソフトウェアをインターネット経由で提供するサービス
ウ　ファイルサーバーや Web サーバーなどのサーバーの一部またはすべての領域を貸し出すサービス
エ　契約企業ごとにサーバーを用意し，サーバー上のソフトウェアをインターネット経由で提供するサービス

**49.** 次のクラウドサービスのうち，システムやアプリケーションを稼働するためハードウェアや OS などの環境を提供するものはどれか。

ア　IaaS
イ　PaaS
ウ　SaaS
エ　DaaS

**50.** 依頼元の企業が用意したサーバを専門業者が預かり，ネットワークやセキュリティが整った環境を貸し出すサービスは何と呼ぶか。

ア　ハウジングサービス
イ　ホスティングサービス
ウ　BTO
エ　SOA

## 解答 47 ウ

ア ワークフローシステムは，業務のルールやポジションを明確化し，業務の流れを適正にすることで，ミスの減少や作業の効率化を図る手法です。

イ BPM は，業務を分析，設計した上で，実際に業務を実行，改善，再構築を繰り返しながら業務改善を行っていく業務管理手法です。

ウ **正解です。** BPR は，業務の効率化やコスト削減のために，既存業務の手順の見直しをした上で，業務の流れを再構築する手法です。

エ SFA は，営業活動を支援するための情報システムで，顧客情報の一元管理や商談の進捗状況や営業実績の管理，営業ノウハウの共有などが行えます。

## 解答 48 イ

ア ハウジングサービスの説明です。

イ **正解です。** 一般的に複数の企業でサーバーを共有します。

ウ ホスティングサービスの説明です。

エ ASP の説明です。SaaS と異なり企業ごとにサーバーを用意します。

## 解答 49 イ

ア ネットワーク環境や仮想サーバ環境などのインフラを提供するクラウドサービスです。

イ **正解です。** これらの稼働環境をプラットフォームと呼びます。

ウ ソフトウェアやシステムを提供するクラウドサービスです。

エ 仮想デスクトップ環境を提供するクラウドサービスです。

## 解答 50 ア

ア **正解です。**

イ ファイルサーバや Web サーバなどサーバの一部またはすべての領域を貸し出します。

ウ 受注生産方式（注文を受けてから製造する）のことです。

エ サービス指向アーキテクチャと呼ばれ，機能ごとに独立したソフトウェアを組み合わせたシステム構築を指します。

**51.** データ活用に関する記述のうち，誤っているものはどれか。

ア　企業が持つ様々な情報を整理し保管したものをデータウェアハウスと呼ぶ。

イ　データウェアハウスはデータマートから利用目的に合わせて形式変換し，データベース化したものである。

ウ　データウェアハウスなどの大量の数値データを分析するためのツールをBIツールと呼ぶ。

エ　現代において複数のデータを元に，必要な情報をまとめた資料を作成する能力はビジネスマンに求められる情報リテラシと言える。

**52.** 大量の数値データを分析し，その中からパターンやルールを読み取り，蓄積・学習することで，新しい知識を発見・学習することを何と呼ぶか。

ア　コードレビュー

イ　共同レビュー

ウ　ユースケース

エ　データマイニング

## 解答 51 イ

データウェアハウスから利用目的に合わせて形式変換し，データベース化したものがデータマートです。

## 解答 52 エ

ア　ソフトウェア開発工程でソースコードのレビュー（審査・点検・検査など）を行うことです。

イ　複数人によってレビュー（審査・点検・検査など）をすることです。

ウ　システムやソフトウェアの使用例を記述したものです。システムの機能面での要件を把握するための技法として用いられます。

エ　**正解です。**

# 3-2 システム化計画

**四択問題** 次の説明文が正しいか誤っているか答えなさい。

**53.** 要件定義プロセスに含まれる作業はどれか。

ア　既存業務のうちシステム化する範囲の整理
イ　システム利用者のニーズの整理
ウ　システム開発・運用で起こりうるリスク分析と対処の検討
エ　外注先の選定基準の作成

**54.** 調達の流れを示した次の図において，選択肢がａからｄのいずれかに当てはまるとき，ｃに当てはまるものはどれか。

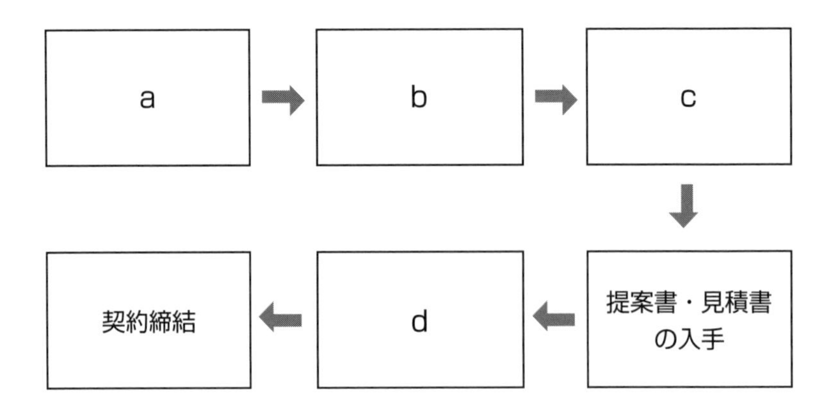


ア　調達先の選定
イ　提案依頼書（RFP）の作成・配布
ウ　情報提供依頼（RFI）の作成
エ　選定基準の作成

## 四択問題 解答・解説

### 解答53 イ

ア　システムの全体像を明確化するシステム化計画のプロセスで行います。

イ　**正解です。** 要件定義プロセスでは，業務の担当者のニーズを考慮し，システムに必要な機能や仕組みを実装すべきか明確にします。

ウ　システム化計画のリスク分析にあたる内容です。

エ　調達の流れの中で作成します。

### 解答54 エ

図に正しく選択肢を埋めると次のようになります。

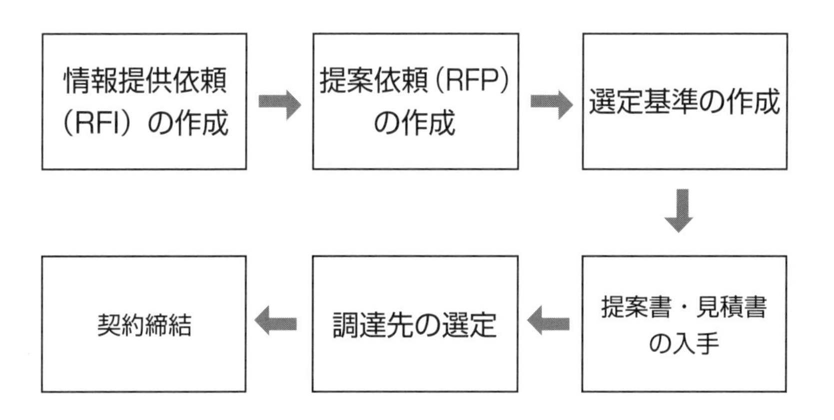


選定基準は，情報提供依頼による情報収集などをもとに提案依頼書を作成し，配布した後，提案書や見積書が返信されてくる前に作成しておくことが望ましいとされています。

# 第4章 開発技術

**四択問題** 次の説明文が正しいか誤っているか答えなさい。

**55.** システム設計プロセスにおいて，システム方式設計に該当しない内容はどれか。

ア　入出力画面や帳票などヒューマンインタフェースの設計
イ　ソフトウェアのアーキテクチャやデータ処理などの構造設計
ウ　システムに必要なデータベースなどの設計を行うデータ設計
エ　データを一定のルールで保存するコード化をするためのコード設計

**56.** 開発担当者のＡさんは，実際の利用環境に近いテスト環境を用意し，システムアドミニストレータにも参加してもらい，すべてのモジュールを組み合わせて，システム設計に沿った正しい動作をするかテストを行った。このテストの名称として正しいものはどれか。

ア　運用テスト
イ　システムテスト
ウ　トップダウンテスト
エ　ビッグバンテスト

# 4-1 システム開発技術

## 四択問題 解答・解説

### 解答 55 イ

システム方式設計とは外部設計とも呼ばれ，システムの見える部分の設計全般を指します。

これに対し，システムに必要な機能を設計するソフトウェア開発（内部設計）ソフトウェア開発設計に基づき，ソフトウェアのアーキテクチャ（設計思想）と，データ処理などのプログラム内の構造を設計するソフトウェア詳細設計（プログラム設計）がソフトウェア設計プロセスに含まれます。

イはソフトウェア詳細設計の説明です。

ア・ウ・エはシステム方式設計の説明です。

### 解答 56 イ

ア 運用テストは，業務担当者が 実際の運用環境で検証を行うテストです。

イ **正解です。**システムテストは，開発者側の最終テストになります。

ウ トップダウンテストは，完成したモジュールを結合して行う結合テストのうち，最上位モジュールから下に順に行うテストです。

エ ビッグバンテストは，結合テストのうち，モジュールをすべて結合して，一斉に動作検証を行うテストです。

**57.** あるモジュールは，データの入力値が 10001 以上 19999 以下の整数であるかを条件に処理の分岐が行われる。このモジュールに対するブラックボックステストのために用意するデータとして最も適切なものはどれか。

ア　10002 から 19998 までのすべての整数
イ　10001 から 19999 までのすべての整数
ウ　10000，20000 の 2 つの整数
エ　10000，10001，19999，20000 の 4 つの整数

**58.** ソフトウェア開発の見積もり方法のうち，開発するソフトウェアの機能を基準に分類し，機能の複雑さを基準に点数をつけて，その合計から開発規模や工数とそれにかかる費用を見積もる方法はどれか。

ア　ファンクションポイント法
イ　類推法
ウ　WBS 法
エ　プログラムステップ法

**59.** ソフトウェア受入れ時の開発者側の役割として最も適切なものはどれか。

ア　ユーザー立会いの元，開発者によるユーザー承認テストを行う。
イ　システムの操作方法を説明する利用者マニュアルを提供する。
ウ　ホワイトボックステストを行う。
エ　システムアドミニストレータを派遣する。

## 解答 57 エ

ブラックボックステストは，システムの入力情報と出力情報に着目して行います。本問では，データの許容範囲の上限と下限になるデータとそれぞれの限界を超えた所のデータでテストをする限界値分析を行うためのテストデータを作成します。本問のデータの入力値に対する条件文の条件は

条件① 10001 以上であること
条件② 19999 以下であること

の２つがあり，それぞれの内容について正しく判断ができているか確認する必要があります。

条件①のテストデータとして 10000 と 10001，条件②のテストデータとして 19999 と 20000 を用意することで，分岐が正しく動作するか確認することができます。

## 解答 58 ア

ア **正解です。** 機能の複雑さを基準につける点数をファンクションポイントと呼びます。
イ 類推法は，経験値による見積もり方法です。
ウ Work Breakdown Structure の略で，積算法とも呼ばれます。細分化されたタスク毎に工数を求め，それらの推定工数を積上げる見積もり方法です。
エ プログラムステップ法は，開発するプログラムのステップ数（行数）から開発規模や工数とそれにかかる費用を見積もる方法です。

## 解答 59 イ

ア ユーザー承認テストはユーザーによって行います。
イ **正解です。** 必要に応じて教育訓練も行います。
ウ ホワイトボックステストはプログラム作成時に行うテストです。
エ システムアドミニストレータは，利用者側のシステム管理責任者にあたるので，開発担当者からの派遣は行いません。

# 4-2 ソフトウェア開発管理技術

**四択問題** 次の説明文が正しいか誤っているか答えなさい。

**60.** オブジェクト指向の説明として正しいものはどれか。

ア 企業の目標達成のために，システム化が必要，または有効であると判断された業務対し，最適なシステム導入を行うための戦略を策定する。
イ プログラム全体を段階的に細かな単位に分割して処理する。
ウ データの継承が可能であり，プログラムを組み合わせることができる。
エ コンピュータに理解できる言語でプログラミングすること。

**61.** スパイラルモデルを表した次の図において，aにあてはまる業務はどれか。

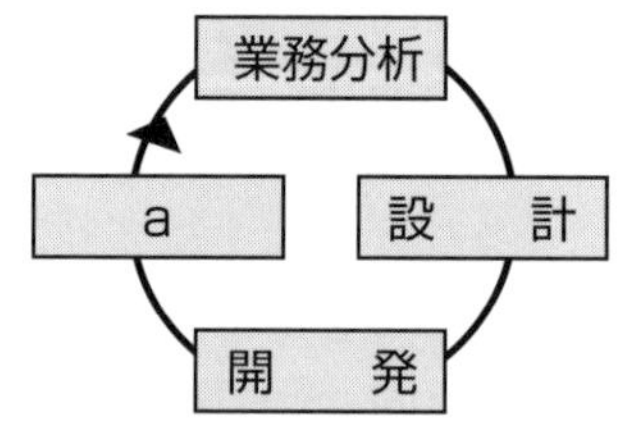


ア 運用環境に近い状況でテストを行う。
イ 開発の進捗状況を元にシステム化のスケジュールを調整する。
ウ 開発者が試作品を作成し，ユーザーから評価をする。
エ サブシステムを，ユーザーが確認しフィードバックする。

**62.** アジャイル開発の説明として最も適切なものはどれか。

ア ハードウェアやソフトウェアを解析し，仕組みや技術を明らかにすること。
イ オブジェクト指向のプログラムを統一の表記法で開発すること。
ウ 良いものを素早く無駄なく作ろうとするソフトウェア開発手法。
エ プログラミング言語を使ってソースコードを作成する開発作業。

## 四択問題 解答・解説

### 解答 60 ウ

ア　情報システム戦略の説明です。

イ　構造化手法（構造化プログラミング）の説明です。

ウ　**正解です。**オブジェクト指向は，プログラムを，処理対象（オブジェクト）単位で捉えて開発する手法です。

エ　コンピュータに理解できる言語（マシン語）で記述されたプログラムをオブジェクトコードと呼びますがオブジェクト指向の説明ではありません。

### 解答 61 エ

スパイラルモデルは，ウォータフォールモデルで開発したサブシステム（システムの一部分）を，ユーザーが確認フィードバックし，それを再度，分析，設計，開発を繰り返す開発モデルです。試作機（プロトタイプ）ではなく，サブシステムに対してフィードバックを行います。

ユーザーと開発者との間の認識のズレを解消し，要求に変更があったときに対応しやすいのが特徴です。

### 解答 62 ウ

ア　リバースエンジニアリングの説明です。

イ　UML（統一モデリング言語）による開発の説明です。

ウ　**正解です。**

エ　コーディングの説明です。

**63.** 最初にプログラム用のテストデータを用意し，そのテストを通るような必要最低限のプログラムコードを作成する工程を繰り返すアジャイル開発のプログラム手法として適切なものはどれか。

ア　ペアプログラミング
イ　リファクタリング
ウ　テスト駆動開発
エ　エクストリームプログラミング

**64.** ユーザーと開発者の間で，担当業務の範囲や内容，契約上の責任などに対して誤解が生じないように，双方が共通して利用する用語や作業内容を標準化するために作られたガイドラインにあてはまるものはどれか。

ア　JPEG
イ　ISO
ウ　SLCP
エ　デファクトスタンダード

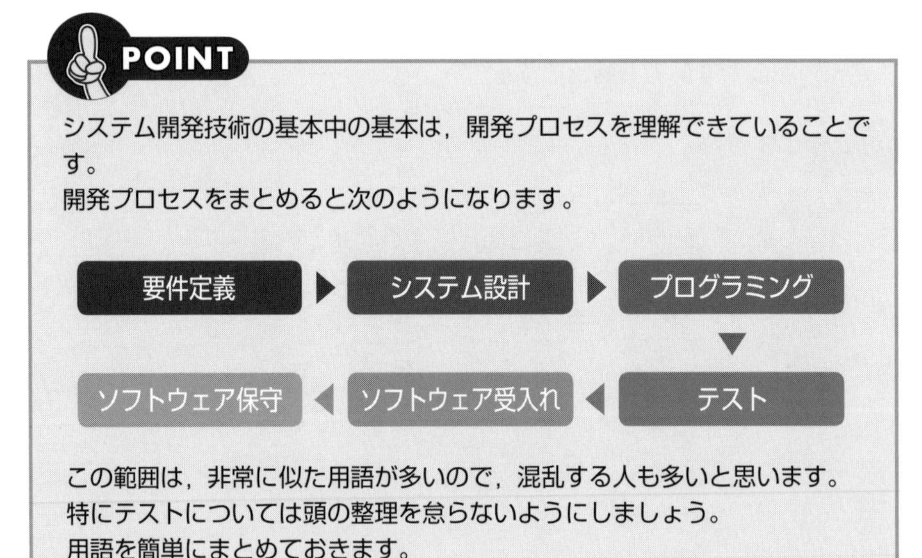

## 解答 63 ウ

ア　2人のプログラマが1台のコンピュータを共有してソフトウェア開発を行うアジャイル開発手法です。
イ　外部から見た動作を変えることなく内部構造を改善していくアジャイル開発のプログラミング手法です。
ウ　**正解です。** 特にXPで推奨されるプログラミング手法です。
エ　コミュニケーションとシンプルさを重視し，コードを必要最低限の状態で実装したうえで，反復的に少しずつ開発を進めるアジャイル開発手法です。

## 解答 64 ウ

設問の内容は，共通フレームについての説明です。
ア　画像ファイル形式です。
イ　共通フレームの発行元である国際標準化機構の略称です。
ウ　**正解です。** ISOが発行した世界で幅広く使われている共通フレームです。
エ　市場内での競争によって業界標準として認められた仕様のことです。

日本ではSLCPを元に経済産業省やIPA（情報処理推進機構）をはじめとする各団体によって国内事情を織り込んだSLCP-JCF（Japan common frame）が発行されています。

**・要件定義**
ーソフトウェア要件定義
ーシステム要件定義

**・システム設計**
ーシステム方式設計（外部設計）
ーソフトウェア開発設計（内部設計）
ーソフトウェア詳細設計（プログラム設計）

**・プログラミング**
ー単体テスト

**・テスト**
ー結合テスト（トップダウンテスト，ボトムアップテスト，ビッグバンテスト）
ーシステムテスト
ー運用テスト

**・ソフトウェア受入れ**
ーユーザー承認テスト

# 第5章 プロジェクトマネジメント

## 四択問題　次の説明文が正しいか誤っているか答えなさい。

**65.** プロジェクトマネージャーの説明として適切なものはどれか。

ア　プロジェクトメンバーの中から合議によって選出される。
イ　プロジェクトのプロセスに応じて適任者を選出する。
ウ　ステークホルダーの合議によって選出される。
エ　プロジェクトメンバーを選出する。

**66.** ある作業を５人のグループで開始し，４ヵ月経過した時点で全体の50%が完了していた。残り３ヵ月で完了させるためには何名の増員が必要か。ここで，途中から増員するメンバの作業効率は最初から作業している要員の80%とし，最初の５人のグループの作業効率は残り３ヵ月も変わらないものとする。

ア　1
イ　2
ウ　3
エ　4

**67.** プロジェクト・コミュニケーション・マネジメントの説明として最も適切なものはどれか。

ア　プロジェクトの進行状況が他者に漏れないために，プロジェクトメンバー以外の誰にも情報を漏らすべきではない。
イ　ステークホルダーに，プロジェクト遂行に必要な情報を正確に伝える。
ウ　リスクに着目して繰り返し分析し，重要度の高いリスクについては対応を加えながらプロジェクトを進める。
エ　目標に向けて必要なことを定義し，進捗や状況に応じて見直していくことで，目標の達成を目指します。

# 5-1 プロジェクトマネジメント

## 四択問題 解答・解説

### 解答 65 エ

プロジェクトマネージャーは，プロジェクトの責任者であり，プロジェクト実践中に交代することはありません。

プロジェクトの成功に向けて必要なプロジェクトメンバーの選出を行う他にプロジェクトの企画・提案，社内調整，顧客折衝，要件定義，受注，品質管理，進捗管理，コスト管理，リスク管理などを行います。

また，ステークホルダーと呼ばれる社内外の利害関係者との折衝や調整などもプロジェクトマネージャーの重要な役割です。

### 解答 66 ウ

5人が4ヵ月＝20人月の作業が完了しています。これが全体の50%ということは，作業全体では，40人月かかることがわかります。残り20人月を3ヵ月で完了するには，5人で3ヵ月＝15人月では5人月分足りません。

増員をX人とした場合，X × 0.8 × 3 ＞ 5 になる必要があります。

X ＞ 2.0833…　となるため，3人の増員が必要であることがわかります。

### 解答 67 イ

ア　プロジェクト・コミュニケーション・マネジメントはステークホルダに情報を提供するマネジメント手法です。

イ　**正解です。**

ウ　プロジェクト・リスク・マネジメントの説明です。

エ　プロジェクト・スコープ・マネジメントの説明です。

**68.** リスク回避に該当する事例として正しいものはどれか。

ア　情報流出の可能性があるため，社用メールをスマートフォン等の私用機器に転送することを禁止した。
イ　メールからのウイルス感染を防ぐため，添付ファイルを開く際は確認メッセージを表示するようにメールソフトの設定を変更した。
ウ　社用メールを外出先でも確認できるように，私用 PC への転送を許可した。
エ　情報流出の可能性を減らすため，外出先での社用メールの閲覧は，セキュリティソフトを導入した社用スマートフォンでの閲覧のみに制限した。

**69.** 次のアローダイアグラムで表される作業において，作業 C にかかる日数が 5 日に短縮できた場合の全体の所要日数はどれか。なお，図中の破線はダミー作業を表す。

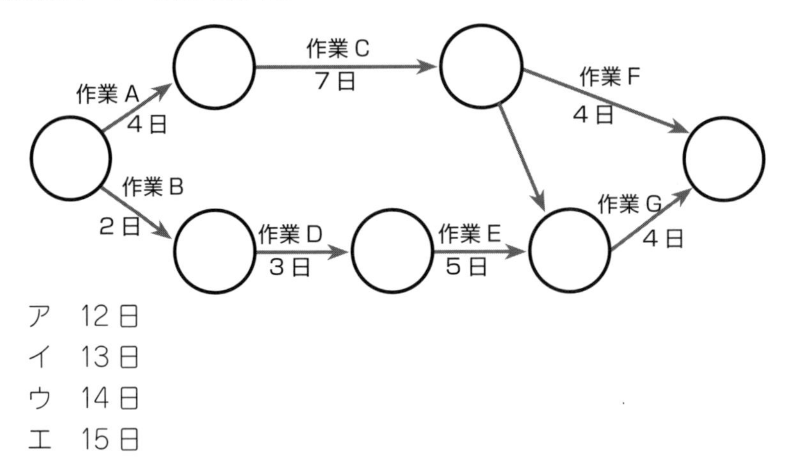


ア　12 日
イ　13 日
ウ　14 日
エ　15 日

**70.** ガントチャートの説明として適切なものはどれか。

ア　プロジェクト全体を細かい作業に分割して管理する手法である。
イ　作業の開始予定日と終了予定日，作業実績などが把握できる。
ウ　プロジェクトの目的や目標，体制，スケジュールなどがまとめられている。
エ　担当作業の所要日数や余裕日数が把握できる。

## 解答 68 ア

ア **正解です。**リスク回避はリスクの原因を排除するリスク対策になります。
イ リスク軽減の事例です。
ウ リスク受容の事例です。
エ リスク軽減の事例です。

## 解答 69 ウ

短縮前の作業日数は，

作業A → 作業C → 作業F = 4 + 7 + 4 = 15日
作業B → 作業D → 作業E（→ ダミー）→ 作業G = 2 + 3 + 5（+ 1）+ 4 = 15日

となるため，クリティカルパスも 15 日になります。

ダミー作業とは，次の作業に入る時点で完了していなければならない別のルートの作業を表すもので，本問では，作業 G に入る時点で作業 A → 作業 C（11 日）が完了していなければなりません。このため，作業 B → 作業 D → 作業 E が 10 日目で完了しても，作業 C の完了を待って作業 G に入ることになります。

作業 C が 5 日に短縮されると，

作業A → 作業C → 作業F = 4 + 5 + 4 = 13日
作業B → 作業D → 作業E（→ ダミー）→ 作業G = 2 + 3 + 5（+ 0）+ 4 = 14日

となり，正解はウとなります。

作業 C の短縮により，ダミー作業のための待ち日数はなくなりますが，それでも，作業 B → 作業 D → 作業 E → 作業 G が作業日数の合計は長く，こちらが作業全体の所要日数となります。

## 解答 70 イ

ア WBS（Work Breakdown Structure）の説明です。
イ **正解です。**プロジェクトの進捗管理に用いられます。
ウ プロジェクト計画書の説明です。
エ アローダイアグラムの説明です。

# 第6章 サービスマネジメント

**四択問題** 次の説明文が正しいか誤っているか答えなさい。

**71.** サービスデリバリの内容に当たるものはどれか。

ア　ユーザーの問い合わせ窓口としてサポートデスクを設置した。
イ　サービス利用にかかる費用と成果を確認し，費用対効果を明確にした。
ウ　サービスの利用時に発生した問題点をまとめて管理した。
エ　システムの構成に変更の必要があったので，その変更内容を記録した。

**72.** 提供するサービスの品質と範囲を明文化し，サービス提供者がサービス委託者との合意に基づいて運用するために結ぶものはどれか。

ア　SLA
イ　SLM
ウ　FA
エ　SNS

**73.** サービスデスクがシステムの利用者から障害の連絡を受けた際の対応として，インシデント管理の観点から適切なものはどれか。

ア　混乱を避けるため，障害発生の報告は自社内の担当者にのみ行う。
イ　対応の迅速化のため，担当者に直接連絡が可能な電話番号を伝える。
ウ　内容を確認後，既知の回避策がある場合は，その方法を伝える。
エ　代替えシステムが用意されている場合は，利用開始に必要な管理者権限のIDとパスワードを伝え，代替え環境での利用方法を案内する。

# 6-1 サービスマネジメント

## 四択問題 解答・解説

**解答 71** イ

ア サービスサポートのサポートデスクの説明です。
イ **正解です。** IT サービス財務管理の説明です。
ウ サービスサポートの問題管理の説明です。
エ サービスサポートの変更管理の説明です。

**解答 72** ア

ア **正解です。** SLA はサービスレベル合意書の略です。
イ SLM は SLA に基づいてサービスの管理を行う管理手法を指します。
ウ FA は IT 技術を用いた工場の自動化を表す用語です。
エ SNS はソーシャルネットワークサービスの略で，様々なコミュニケーション機能を有したインターネットサービスです。

**解答 73** ウ

ア 障害発生の情報は，そのシステムを利用者および関係者に報告する必要があります。
イ 窓口はサービスデスクに一元化されていることが望ましく，担当者への連絡はサポートデスクから行うべきです。
ウ **正解です。** 利用者の業務復旧を最優先し，既知の対応策があれば伝えます。
エ 代替えシステムがある場合も，サービスデスクの判断で管理者情報を利用者に伝えてはいけません。

**74.** ファシリティマネジメントの説明として適切なものはどれか。

ア　建物や設備などの資源が最適な状態となるように改善を進めるための考え方
イ　継続的なシステム運用維持に必要な電源管理に特化した管理手法
ウ　工業機械の利用者にけがなどの危険が及ばないようにする管理手法
エ　入室管理などによって人的脅威への対策を行う考え方

ITILv2 のサービスサポートとサービスデリバリの分類は少々ややこしくなっています。ここで改めてまとめておきましょう。

**ITILv2 のサービスサーポートの内容**

1. サービスデスク（ユーザー窓口）
2. インシデント管理（復旧管理）
3. 問題管理
4. 構成管理（環境の構成要素の管理）
5. 変更管理（環境の変更の管理）
6. リリース管理（実装の管理）

**ITILv2 のサービスデリバリの内容**

1. サービスレベル管理（サービス内容の管理）
2. IT サービス財務管理（費用対効果の管理）
3. キャパシティ管理（将来性の管理）
4. IT サービス継続性管理（継続手段の整備）
5. 可用性管理

## 解答 74　ア

ファシリティマネジメントは，建物や設備などの資源が最適な状態となるように改善を進めるための考え方で，システムの運用だけに絞った考え方というよりは，土地，建物，設備などすべてを企業経営において最も有効活用できる状態を維持することを指します。

**ITILv3 は，サービスライフサイクルという考え方を取り入れて，次のような「ITIL コア」と呼ばれる 5 冊に再編されています。**

1．**サービスストラテジ**
IT サービスの活用に関する適切な「戦略」についてまとめられています。

2．**サービスデザイン**
IT サービスの「設計」についてまとめられています。ITILv2 のサービスレベル管理，キャパシティ管理，可用性管理，IT サービス継続性管理などはここに含まれます。

3．**サービストランシジョン**
サービスの「移行」を行う時に取るべき方法がまとめられています。ITILv2 の変更管理，構成管理，リリース管理などがここに含まれます。

4．**サービスオペレーション**
IT サービスの適切な「運用」についてまとめられています。ITILv2 のインシデント管理，問題管理，サービスデスクなどはここに含まれます。

5．**継続的サービス改善**
既存のサービスの「改善」の方法についてまとめられています。

# 6-2 システム監査

**四択問題** 次の説明文が正しいか誤っているか答えなさい。

**75.** 監査業務の内容として適切なものはどれか。

ア 会計と情報以外の企業活動については対外的な影響が少ないため監査を実施する必要はない。
イ 経理部門から選抜されたプロジェクトチームによって会計監査を実施した。
ウ プライバシーマーク取得に向けたプロジェクトチームを発足した。
エ 独立した専門家によって，情報セキュリティ監査基準に基づいた情報セキュリティ監査を実施した。

**76.** システム監査の内容として適切なものはどれか。

ア 予備調査では，円滑な監査を行えるように対象資料を収集・分析し，チェックリストの作成，調査項目の洗い出し，個別計画書の修正を行う。
イ システム監査計画では，複数年度の中長期計画書と中長期計画書に基づいた年度ごと計画書である個別計画書を作成する。
ウ 本調査では，記録や資料の調査，担当者へのインタビューなどを行い，調査結果は監査手続書として保管する。
エ システム監査人は，監査の結果から監査証拠を作成し提出する。

**77.** 企業の不祥事の抑止につながる内部統制に当たるものはどれか。

ア 経営者を監督できる監査役を置く。
イ 資産管理業務は着服などのきっかけになるため不定期で行う。
ウ 流出を防ぐために業務内容のマニュアル化を極力避ける。
エ 重要な情報を扱う業務は，多くの人間が関わらないように，最も信頼できる１名の社員に一任する。

## 四択問題 解答・解説

### 解答 75 エ

ア 健全な企業活動のためには，会計や情報部門以外の企業活動を対象とする業務監査を行う必要があります。
イ 会計監査は，企業とは独立した第三者機関によって実施されます。
ウ プライバシーマーク取得は監査業務と直接関係はありません。
エ **正解です。**情報セキュリティ監査基準は経済産業省が発行している基準になります。

### 解答 76 ア

ア **正解です。**なお，予備調査後は本調査の手順方法などを記述した監査手続書を作成します。
イ 年度ごとの計画書は基本計画書です。個別計画書は，基本計画書に基づいた監査項目ごと計画書になります。
ウ 監査手続き所ではなく監査証拠として保管されます。
エ 監査の結果から作成し提出するものは監査報告書です。

### 解答 77 ア

ア **正解です。**経営者への監督も内部統制に含まれます。
イ 着服などは，定期的な資産管理を行うことで，未然に防ぐことができます。
ウ 業務内容を明確にし，マニュアル化することは内部統制上有効です。
エ 職務分掌を明確にし，上位者の承認などの多重チェックを活用する体制を築く必要があります。

**78.** IT ガバナンスの説明として最も適切なものはどれか。

ア　省庁や地方公共団体とのインターネットを介した取引のこと。
イ　経営と IT を切り離し，最新の IT 技術の導入を図ることで，競争優位を高める考え方。
ウ　企業の IT 化を進めるにあたり，企業戦略や情報システム戦略の実現に導く組織能力のこと。
エ　IT 専門の部門を強化することで，企業の IT 戦略をより早く実現しようとする考え方。

**監査業務は，情報分野に限ったことではありません。ここで，主な監査業務をまとめておきましょう。**

**会計監査**

独立した監査組織によって，企業の経理･会計についての監査を行います。

**業務監査**

会計以外の企業の諸活動の内容や組織，制度に対する監査を行います。

**情報セキュリティ監査**

情報セキュリティ監査基準（経済産業省の）に基づいて，情報セキュリ ティ監査人による監査，助言を行います。

**システム監査**

専門家よるシステムの総合的な監査。システム監査人と呼ばれる企業からは独立した組織（第三者）によって，システムを検証，評価し，その結果から助言や勧告を行うものです。

## 解答78　ウ

ITガバナンスとは，企業のIT化を進めるにあたり，企業戦略や情報システム戦略の実現に導く組織能力のことを指します。

ア　Eコマースにおける B to G 取引の説明です。
イ　経営戦略とIT戦略との整合性を取ることは重要です。
ウ　**正解です。** ITガバナンスの強化には，情報システム戦略や目的を明確に設定し，IT化に向けた活動をコントロールするための体制づくり必要です。
エ　ITガバナンスは部門ごとの評価ではなく，企業全体として確立します。

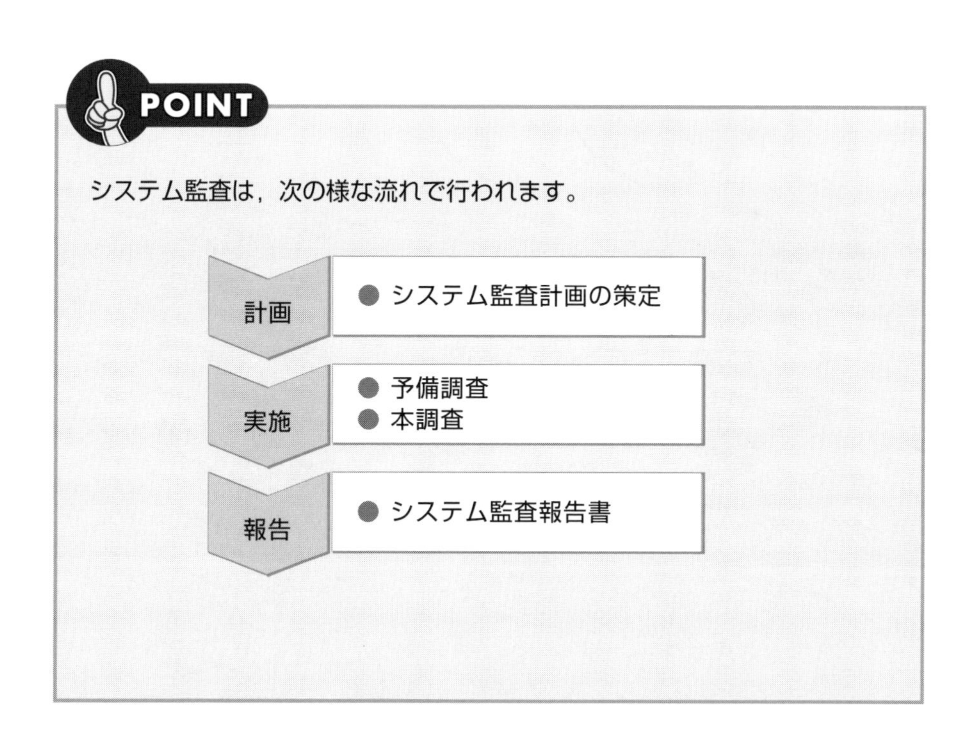

# 第7章 基礎理論

**正誤判定** 次の説明文が正しいか誤っているか答えなさい。

**79.** 2進数100110を2で割ったものはどれか。

ア　10100
イ　11001
ウ　10011
エ　110010

**80.** 次のベン図の黒色で塗りつぶした部分の検索条件はどれか。

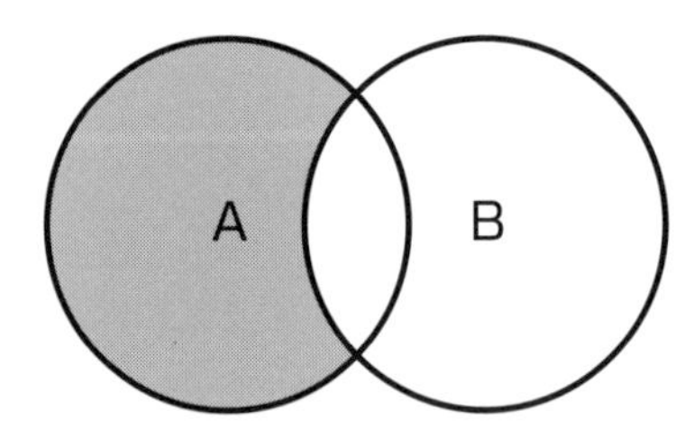


ア　(not A) and B
イ　(not A) and (not B)
ウ　A and B
エ　A and (not B)

**81.** 統計の代表的な数値のうち，全体のデータを昇順または降順で並べたときの中央の値はどれか。

ア　ミニマム
イ　モード
ウ　メジアン
エ　アベレージ

# 7-1 基礎理論

## 正誤判定 解答・解説

### 解答 79 ウ

2 進数の 100110 を 10 進数に変換します。

100110

$= (1 \times 2^5) + (0 \times 2^4) + (0 \times 2^3) + (1 \times 2^2) + (1 \times 2^1) + (0 \times 2^0)$

$= 32 + 0 + 0 + 4 + 2 + 0$

$= 38$

38 を 2 で割ると 19 になるので，19 を 2 進数に変換すると，

```
2) 19 ……1
2)  9 ……1
2)  4 ……0
2)  2 ……0
2)  1 ……1
    0
```

となり，10011 が正解となります。

### 解答 80 エ

ベン図は，命題や条件を図で表現することで，論理積や論理和といった，複数の集合の関係を表現する場合によく利用されます。

本問では，「条件 A のうち条件 B を含まないもの」を表しています。

not は否定の意味を持つことから，正解はエとなります。

### 解答 81 ウ

ア　ミニマムは，全体のデータの中の最小の値を指します。

イ　モードは，全体のデータの中で最も出現頻度が多い値を指します。

ウ　**正解です。**

エ　アベレージは，全体の合計をデータ数で割った値を指します。

**82.** 12MB を表したものはどれか。

ア　$1.5 \times 10^6$ bit
イ　$15 \times 10^6$ bit
ウ　$9.6 \times 10^6$ bit
エ　$96 \times 10^6$ bit

**83.** サンプリングの説明として正しいものはどれか。

ア　一定の規則に基づき，量子化した信号に 0 と 1 を割り当て 2 進数表現にする。
イ　アナログ信号の連続的な変化を，時間の基準で観測し数値化する。
ウ　電気信号を近似的なディジタルデータで表す。整数化しにくい信号は，四捨五入して整数にする。
エ　ディジタルデータを別の形式のデータに変換する。

**84.** 文字コードについてまとめた以下の表について，a ～ d に選択肢のいずれかが該当するときに，a に当たるものはどれか。

代表的な文字コード

| 名　称 | 説　　明 |
|---|---|
| a | すべての文字を 2 バイトで表現。情報量が多く，言語ごとのコードを用意しないで複数言語を表現可能です。 |
| b | Extended Unix Code（拡張 UNIX コード）の略です。主に Linux などでよく使われます。 |
| c | 欧文文字と欧文記号の文字コード。7 ビットで 1 文字を表現し，8 ビット目はエラー確認用に使われます。 |
| d | 英数字は 1 バイト，ひらがなや漢字は 2 バイトで表現。代表的な JIS コードにシフト JIS があります。 |

ア　Unicode
イ　JIS コード
ウ　ASCII コード
エ　EUC

## 解答 82　エ

選択肢はすべてバイト（Byte）からビット（bit）に変換されています。1バイト＝8ビットなので，12MBは，12 × 8=96Mbitになります。

M（メガ）は10の6乗を表す接頭語なので，96Mbitは，$96 \times 10^6$ bitとなります。

## 解答 83　イ

ア　符号化の説明です。ディジタル化の最終段階でコンピュータが扱えるようにデータを2進数に変換します。

イ　**正解です。**標本化とも呼ばれます。

ウ　量子化の説明です。

エ　エンコードと呼ばれるデータの圧縮変換手法の説明です。

## 解答 84　ア

表を完成させると次のようになります。

| 名　称 | 説　　明 |
|---|---|
| Unicode | すべての文字を2バイトで表現。情報量が多く，言語ごとのコードを用意しないで複数言語を表現可能です。 |
| EUC | Extended Unix Code（拡張UNIX コード）の略です。主にLinuxなどでよく使われます。 |
| ASCIIコード | 欧文文字と欧文記号の文字コード。7ビットで1文字を表現し，8ビット目はエラー確認用に使われます。 |
| JISコード | 英数字は1バイト，ひらがなや漢字は2バイトで表現。代表的なJISコードにシフトJISがあります。 |

よって，aに当てはまる文字コードはアとなります。

# 7-2 アルゴリズムとプログラミング

**四択問題** 次の説明文が正しいか誤っているか答えなさい。

**85.** 下から上へ品物を積み上げ，上にある品物から順に取り出す装置がある。この装置に対する操作は，次の 2 種類である。

PUSH n：品物（番号 n）を積み上げる。

POP　　：上にある品物を 1 個取り出す。

最初は何も積み上げていない状態から開始して，次の順序で操作を行った結果はどれか。

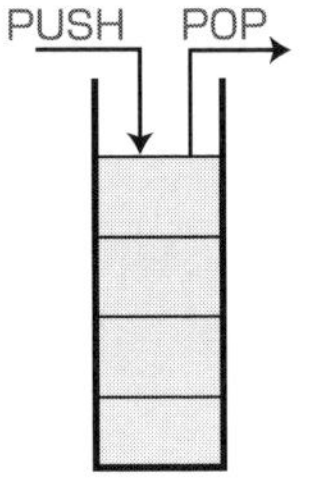


操作

PUSH 2 → PUSH 1 → POP → PUSH 4 → PUSH 5 → POP → POP → PUSH 3

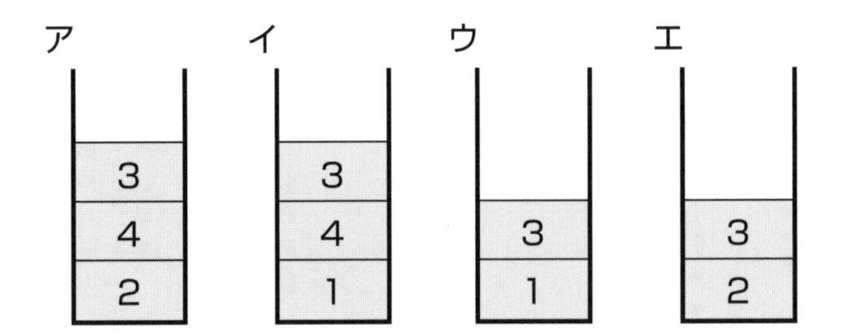


**86.** プログラムの制御構造のうち，do-while 型の繰返し構造はどれか。

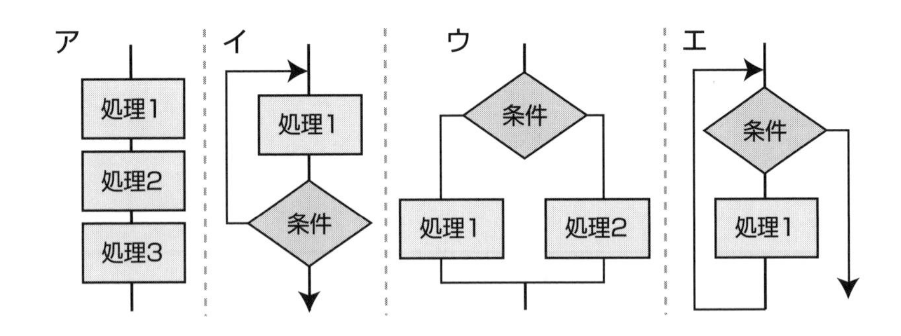

# 四択問題 解答・解説

## 解答 85 エ

操作順に確認すると，次のようになります。

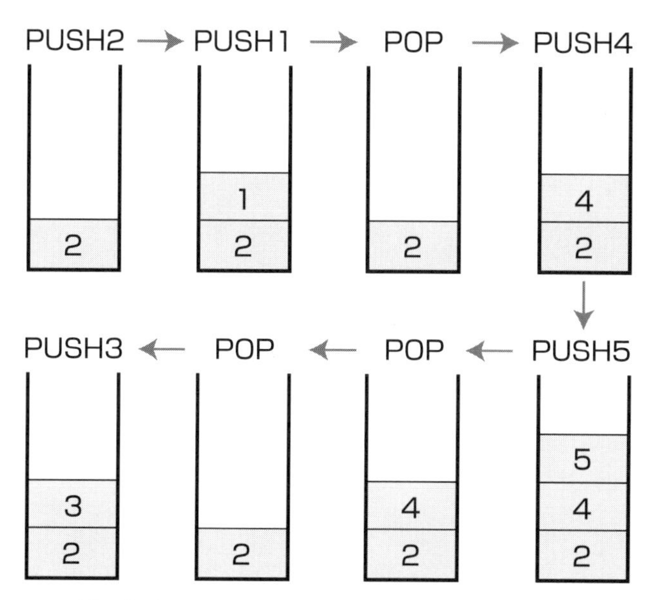


よって，エが正解となります。

## 解答 86 イ

Do-while 型は，繰り返し構造の後判定型のことを指します。
設問の図はフローチャートと呼ばれるアルゴリズムを分かりやすく図にしたものです。

線や矢印がデータの流れ，長方形が処理，ひし形が判断を表します。

ア　順次構造のフローチャートです。

イ　**正解です。**先に処理をするので後判定型の繰り返し構造です。

ウ　選択構造のフローチャートです。

エ　先に条件によって判断されるので，前判定型の繰り返し構造です。

**87.** バイナリサーチの説明として正しいものはどれか。

ア　対象となるデータの集合の中央にあるデータから前にあるか後ろにあるかを判断し，半分に絞り込むという作業を繰り返し目的のデータを探索する。
イ　隣同士の数値を比較し入れ替えを繰り返し昇順または降順に並べ替える。
ウ　条件に合うデータが見つかるまで，先頭のデータから順に照合する。
エ　複数のファイルやデータ，プログラムなどを 1 つに統合する。

**88.** コンパイラ言語の特徴として，正しいものはどれか。

ア　人間が書いたソースコードと機械語のオブジェクトコードが 1 対 1 で対応しているプログラム言語である。
イ　高度な構文解析と最適化処理を持っているため，人間の言語に近く理解しやすい構文でソースコードを書くことができる。
ウ　ソースコードを読み込んで，直ちに 1 行ずつ機械語に翻訳して実行する。
エ　構文解析や最適化処理はできないため，人間にとってはやや理解しづらい。

**89.** Java プログラムのうち，Web サーバ上で実行されるプログラムはどれか。

ア　Java アプリケーション
イ　Java アプレット
ウ　Java サーブレット
エ　Java スクリプト

**90.** HTML のタグの説明として適したものはどれか。

ア　文字列を太字にするために <u></u> タグを文字列の前後に挿入した。
イ　改行のために <br> タグを挿入した。
ウ　ブラウザのタイトルバーに表示する Web サイトの名称を <head></head> タグの間に入力した。
エ　文字列に下線を引くために，<b></b> タグを文字列の前後に挿入した。

## 解答 87 ア

ア **正解です。** 条件に合うデータを見つけるアルゴリズム（サーチ）の代表的な手法で，二分探索法とも呼ばれます。

イ バブルソートの説明です。並べ替えを行うアルゴリズム（ソート）の代表的な手法です。

ウ リニアサーチの説明です。バイナリサーチ同様に探索のアルゴリズムで，線形探索法と呼ばれます。

エ 併合（マージ）の説明です。結合時にデータの並べ替えを行うアルゴリズムは，マージソートと区別して呼ばれます。

## 解答 88 イ

ア アセンブリ言語の説明です。言語プロセッサをアセンブラと呼び，翻訳処理をアセンブルと呼びます。

イ **正解です。** 言語プロセッサをコンパイラ，翻訳処理をコンパイルと呼びます。

ウ インタプリタ言語の説明です。

エ アセンブリ言語の説明です。

## 解答 89 ウ

ア Java アプリケーションは OS 上からコマンドとして起動するプログラムです。

イ Java アプレットは Web ブラウザ上で実行されるプログラムです。

ウ **正解です。**

エ Web ブラウザ上での利用に適したスクリプト言語（簡易プログラミング言語）で，Java プログラムではありません。

## 解答 90 イ

ア 文字列を太字にするタグは，<b></b> タグです。

イ **正解です。**

ウ ブラウザのタイトルバーに表示する Web サイトの名称は，<title></title> タグの間に記入します。

エ 文字列に下線を引くためのタグは，<u></u> タグです。

# 第8章 コンピュータシステム

**四択問題** 次の説明文が正しいか誤っているか答えなさい。

**91.** コンピュータを構成する一部の機能の説明として，適切なものはどれか。

ア　データの出力には，プリンタやOCRなどを利用する。
イ　制御装置であるメモリは，一時的に処理するデータを記憶する領域としても利用される。
ウ　演算装置であるCPUが，記憶された命令を実行する。
エ　記憶装置に保存されたデータはコンピュータの電源を切っても消去されない。

**92.** CPUの説明として正しいものはどれか。

ア　2つのコアを持つCPUをダブルコアCPU，4つのコアを持つCPUをクアッドコアCPUと呼ぶ。
イ　クロック周波数は，bpsという単位を用い，最近では1Gbps以上のプロセッサが主流となっている。
ウ　CPUの性能は基本的に，データ転送の速さを表すクロック周波数と,1命令あたりのデータ転送量を表すバス幅によって決められる。
エ　電子回路の集合体であるチップとデータ転送に利用するバスを搭載している。

**93.** 揮発性という特徴を持ち，一時的なファイルを保存するキャッシュメモリなどに利用されるメモリはどれか。

ア　EPROM
イ　PROM
ウ　SRAM
エ　DRAM

# 8-1 コンピュータ構成要素

## 四択問題 解答・解説

### 解答 91 ウ

ア　OCRはスキャナで読み取った画像からテキストを識別する入力装置です。

イ　メモリは記憶装置です。

ウ　**正解です。**CPUはPCの一連の動作を制御する制御装置を兼ねます。

エ　記憶装置には，メモリなどの電源を切るとデータが消去される揮発性のものと，ハードディスクなど不揮発性のものが存在します。

### 解答 92 エ

ア　2つのコアを持つCPUはデュアルコアと呼ばれます。

イ　クロック周波数は，ヘルツ（Hz）という単位を用い，1GHz以上のプロセッサが主流となっています。

ウ　クロック周波数は処理の速さを表し，バス幅はデータの転送速度を表します。

エ　**正解です。**チップはコアとも呼ばれます。

### 解答 93 ウ

揮発性とは，電源供給を断つとデータが失われる性質のことを指します。揮発性のメモリをRAM（Random Access Memory），不揮発性のメモリをROM（Read Only Memory）と区別します。

ア　EPROMは，複数回データを書き込めるROMです。

イ　PROMは，一度だけ利用者がデータを書き込めるROMです。

ウ　**正解です。**SRAMはRAM（Random Access Memory）のうち，容量が小さく高速なものを指します。

エ　DRAMはRAM（Random Access Memory）のうち，低速なものの容量が大きく主記憶装置に利用されます。

**94.** 次の文章の空欄に選択肢がそれぞれ当てはまるとき，空欄 c に当てはまるものはどれか。

> ハードディスクの内部には［ a ］と呼ばれる 1 ～数枚の円盤があり，［ b ］によって，［ a ］に情報を読み書きすることでデータを扱います。
> ［ a ］は，同心円上の［ c ］に分割され，さらに［ c ］は放射状に等分した［ d ］と呼ばれる領域に分割されます。データはこの［ d ］を最小単位として保存されます。

ア　セクタ
イ　トラック
ウ　プラッタ
エ　磁気ヘッド

**95.** ハードディスクの性能に関する記述として，適切なものはどれか。

ア　内部ディスクの回転速度が速いほど，データの記憶容量は大きくなる。
イ　データの保存領域に磁気ヘッドが移動するまでの時間をシークタイムと呼ぶ。
ウ　RAID によってセキュリティの向上が見込める。
エ　CPU の処理能力を発揮させるためのキャッシュメモリとして利用される。

**96.** PC と周辺機器の接続インタフェースのうち，信号の伝送に赤外線を用いるものはどれか。

ア　IrDA
イ　SCSI
ウ　Bluetooth
エ　PCMCIA

## 解答 94 イ

文章を完成させると次のようになります。

> ハードディスクの内部には［プラッタ］と呼ばれる１～数枚の円盤があり，［磁気ヘッド］によって，［プラッタ］に情報を読み書きすることでデータを扱います。
> ［プラッタ］は，同心円上の［トラック］に分割され，さらに［トラック］は放射状に等分した［セクタ］と呼ばれる領域に分割されます。データはこの［セクタ］を最小単位として保存されます。

よって，正解はイとなります。

## 解答 95 イ

ア　回転速度はデータへのアクセス速度に関係します。
イ　**正解です。**データの保存領域をセクタと呼びます。
ウ　RAID では，システムとしての性能と信頼性の向上が期待できます。
エ　キャッシュメモリには，SRAM が利用されます。

## 解答 96 ア

ア　**正解です。**携帯電話などで利用されています。
イ　SCSI は，周辺機器同士をデイジーチェーン方式で並列接続できるパラレルインタフェースです。
ウ　Bluetooth は，電波を利用するワイヤレスインタフェースです。
エ　PCMCIA は，主にノートパソコンで利用するカード型のパラレルインタフェースです。

**97.** IoT デバイスの説明として不適切なものはどれか。

ア　人を介さずに機械同士がやり取りすることができる。
イ　センサを IoT デバイスに搭載することで対象の情報を収集し処理につなげる。
ウ　アクチュエータは必ず AI を搭載し，センサ情報から動作を自動的に判断する。
エ　油圧シリンダや電気モータは代表的なアクチュエータである。

**98.** ホットプラグに関する記述として，適切なものはどれか。

ア　OS が周辺機器を制御するために利用されるソフトウェアである。
イ　周辺機器を接続時に，自動的に機器を検出して設定を行う仕組みである。
ウ　コンピュータの電源を入れたまま，内蔵機器の接続ができる技術である。
エ　コンピュータの電源を入れたまま，周辺機器の接続ができる技術である。

**解答 97**　ウ

アクチュエータは，様々なエネルギーを機械的な動きに変換し，機器を動作させるための駆動装置です。電気モータや油圧シリンダ，空気圧シリンダなどが該当します。

センサから情報を受け取り動作を切り替えますが，AI が搭載されているとは限りません。

**解答 98**　エ

ア　デバイスドライバの説明です。
イ　プラグアンドプレイの説明です。
ウ　ホットスワップの説明です。
エ　**正解です。** USB，IEEE1394 などのインタフェースが対応しています。

# 8-2 システム構成要素

**四択問題** 次の説明文が正しいか誤っているか答えなさい。

**99.** 同じ構成の２つのシステムを用意し，１つを稼働用（主系），もう１つを待機用（従系）とするシステム構成で，障害発生時には待機用のシステムに切り替えて処理を継続することができるシステム構成はどれか。

ア　デュアルシステム
イ　シンクライアント
ウ　デュプレックスシステム
エ　クライアントサーバシステム

**100.** 決められた期間やタイミングで蓄積したデータの一括処理をする利用形態はどれか。

ア　リアルタイム処理
イ　ピアツーピア
ウ　バッチ処理
エ　ホットスワップ

**101.** ターンアラウンドタイムの説明として適切なものはどれか。

ア　システムの処理を行ったときの最初の反応が返ってくるまでの時間
イ　すべての処理を終えて，その結果が返ってくるまでの時間
ウ　故障発生時から，システムが復旧するまでにかかる時間
エ　システム稼働期間における故障が発生するまでの間隔の平均

## 四択問題 解答・解説

### 解答 99 ウ

ア デュアルシステムは，同じ構成の２つのシステムで同じ処理を行うシステム構成です。
イ シンクライアントは，ユーザーが直接操作するコンピュータ（クライアント）からサーバーにあるソフトウェアなどを操作するシステム構成です。
ウ **正解です。**
エ ユーザーが操作するコンピュータと，様々な処理の中心的な役割を担うサーバーが，互いに処理を分担しながら連携して動作するシステムです。

### 解答 100 ウ

ア リアルタイム処理は，データが入力された時点で即時に処理を行う利用形態です。
イ ピアツーピア型システムは，接続されたコンピュータが対等に処理を分担するシステムのことです。
ウ **正解です。**
エ コンピュータの電源を入れたまま，内蔵機器の接続ができるインタフェース技術です。

### 解答 101 イ

ア レスポンスタイムの説明です。速いほど性能が良いとされます。
イ **正解です。**速いほど性能が良いとされます。
ウ 平均修復時間（MTTR）の説明です。
エ 平均故障間隔（MTBF）の説明です。

**102.** 導入してちょうど 1 週間が経つ 24 時間稼働のシステムについて，これまでの稼働状況を調べたところ，故障で停止した回数が 2 回，復旧までにかかる時間は平均して 4 時間であることがわかった。このシステムの稼働率はどれか。

ア　92%
イ　93%
ウ　95%
エ　96%

**103.** システムを多重化することで，障害発生時にもシステム稼働を維持できるようにする設計手法はどれか。

ア　フールプルーフ
イ　フェールセーフ
ウ　バックアップ
エ　フォールトトレランス

**＜稼働率の計算＞**

信頼性を表す指標である，MTBF（平均故障間隔）や MTTR（平均修復時間）は，用語の意味も大切ですが，これを利用した稼働率の計算も頻出です。

稼働率は以下の式によって求められます。2通りありますので，問題によって与えられた情報を元に，適切な式を利用するようにしましょう。

$$\text{稼働率}=\frac{\text{平均故障間隔}}{\text{平均故障間隔}+\text{平均修復時間}}\qquad \text{稼働率}=\frac{\text{全運用時間}-\text{故障時間}}{\text{全運用時間}}$$

## 解答 102　ウ

稼働率は，以下の計算のどちらかで求められます。

①**稼働率**＝平均故障間隔／（平均故障間隔＋平均修復時間）
②**稼働率**＝（全運用時間－故障時間）／全運用時間

本問では，全運用時間（24 時間×７日＝ 168 時間）と，故障時間（4時間×２回＝８時間）が与えられていますので，②の式を使って稼働率を求めます。

**稼働率**＝（168 － 8）／ 168 ＝ 0.9523… ≒ 95%

## 解答 103　エ

ア　フールプルーフは，システムの利用者が誤操作をしても危険に晒されることがないように安全対策を施しておく設計手法です。
イ　フェールセーフは，システムに障害が発生した場合，継続稼働よりも安全性を優先して制御する設計手法です。
ウ　バックアップは，複製をあらかじめ作成し，障害が発生してもデータを復旧出来るように備えておくことを指します。
エ　**正解です。**仮に機能が縮小しても稼働を継続する設計です。

### コラム

システムを企業で活用するからには，必ずそのシステムに対する評価というものは問われることになります。

ただ漠然と「便利になった！」「時間がかからなくなった！」ですむ場合もないことはないですが，やはり企業活動である以上，数値化したデータによる評価が求められることが当たり前です。

そのための考え方や手法がこの範囲にまとまっていますので，きちんと理解しておきましょう。

# 8-3 ソフトウェア

**四択問題** 次の説明文が正しいか誤っているか答えなさい。

**104.** OS のユーザー管理の説明として，適切なものはどれか。

ア ユーザーはログオン後に表示されるアカウントを選択して PC を利用できる。
イ アカウントごとにプロファイルが用意される。
ウ 制限ユーザーは PC 内のすべてのドキュメントファイルやメディアファイルは利用できるが，システムファイルにはアクセスできない。
エ アカウントごとに利用できるファイルフォーマットが設定される。

**105.** ベースは CUI であるが，GUI を可能にするソフトウェアを組み込むことで GUI を実現する OS で，様々なソフトウェアや機能の組み込んだディストリビューションと呼ばれる派生 OS も多数存在するものはどれか。

ア Linux
イ UNIX
ウ Mac-OS
エ Windows

**106.** バックアップの説明として適切なものはどれか。

ア 直前のバックアップを第 2 世代，その前のバックアップを第 1 世代といったように保存しておく。
イ 業務に支障がないように，定期的に指定したファイルまたはディレクトリを，転送の早い同じ記憶装置内の別ディレクトリに保存する。
ウ 普段から正確にバックアップしておくことで，システムやファイルに重大な変更があった場合にも処理直前のバックアップを取る必要がなくなる。
エ バックアップファイルそのものが破損している可能性を考慮して，バックアップの対象を複数のタイミングで保存する。

## 四択問題 解答・解説

### 解答 104 イ

ア ログオン時に，利用するアカウントの ID を選択しパスワードを入力します。

イ **正解です。**プロファイルではアクセス権が設定されています。

ウ 制限ユーザーは，別のアカウント上で管理されているファイルにはアクセスできません。

エ 利用できるファイルフォーマットは OS ごとに異なるもので，ユーザー単位で設定するものではありません。

### 解答 105 ア

ア **正解です。**無償で利用できるオープンソースソフトウェアの OS です。

イ CUI で動作するマルチユーザーやマルチタスクに対応している OS です。

ウ Apple 社が開発し，初めて GUI を実現した OS です。

エ Microsoft 社が開発した GUI の OS です。

### 解答 106 エ

ア 直前のバックアップが第 1 世代，その前のバックアップが第 2 世代と呼ばれます。

イ バックアップは既存の保存先とは異なる外部記憶装置に保存します。

ウ システムやファイルの重大な変更時は，普段のバックアップの有無にかかわらず，直前の状態のバックアップを臨時で取っておくべきです。

エ **正解です。**複数世代のバックアップを取っておくことで万が一バックアップファイルが破損した場合などにも対応できます。

**107.** あるファイルシステムの一部が図のようなディレクトリ構造であるとき，矢印のディレクトリ（カレントディレクトリ）D2 から＊印が示すディレクトリ D4 の配下のファイル a を指定するものはどれか。ここで，ファイルの指定は，次の方法によるものとする。

〔指定方法〕

(1) ファイルは，“ディレクトリ名¥…¥ディレクトリ名¥ファイル名”のように，経路上のディレクトリを順に“¥”で区切って並べた後に“¥”とファイル名を指定する。
(2) カレントディレクトリは“.”で表す。
(3) 1階層上のディレクトリは“..”で表す。
(4) 始まりが“¥”のときは，左端にルートディレクトリが省略されているものとする。
(5) 始まりが“¥”，“.”，“..”のいずれでもないときは，左端にカレントディレクトリ配下であることを示す“.¥”が省略されているものとする。

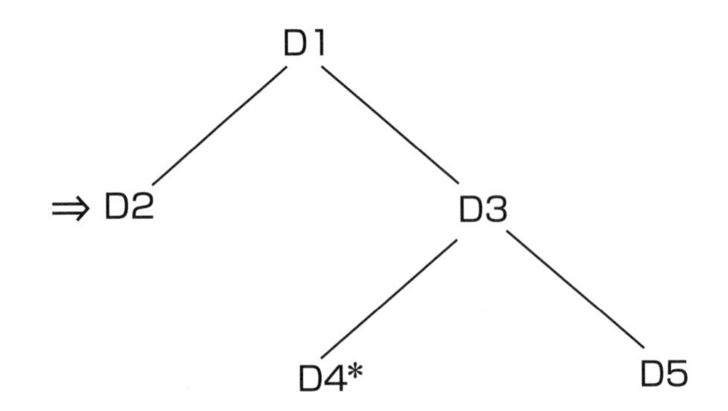


ア　..¥D3¥D4¥a
イ　..¥D1¥D3¥D4¥a
ウ　D1¥D3¥D4¥a
エ　.¥D2¥D1¥D3¥D4¥a

## 解答 107 ア

D2からファイルaを指定するには，次のようになります。

1) D2から，1つ上位のディレクトリD1へ向かいます。“..” で表します。
2) D1から，下位ディレクトリD3へ向かいます。“D2” で表します。
3) D3から，さらに下位のディレクトリD4へ向かいます。“D4” で表します。
4) ディレクトリD4内のファイルaを指定します。“a”で表します。

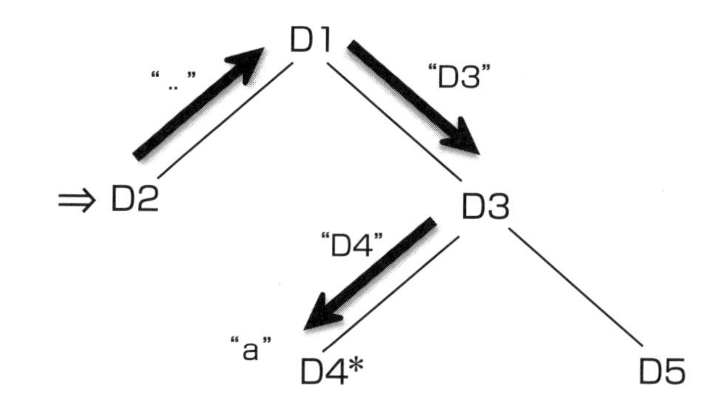


ファイル名やディレクトリ名は “¥” で区切るので，上記から，“..¥D3¥D4¥a” が正解となります。

### ルートディレクトリとカレントディレクトリ

すべてのディレクトリの最上位をルートディレクトリ（ルート）と呼び，アクセスしているディレクトリのことをカレントディレクトリと呼びます。

### ディレクトリの指定

ファイルを呼び出すためにはディレクトリの指定が必要で，その指定の仕方には2通りあります。

**絶対パス**

ルートディレクトリから目的のディレクトリに至るまでのアクセス経路を示したものです。

**相対パス**

カレントディレクトリから目的のディレクトリを指定する方法です。

**108.** A さんは，商品の割引販売を計画するにあたり，表計算ソフトウェアを利用して，次の表を作成した。以下の条件で表を作成した場合にセル C2 に入力される計算式はどれか。

条件 1　割引率 G2 には予想をする過程で，別の割引率を入力することがある。

条件 2　売上小計を求める E2 には，計算式「=C2 * D2」が入力される。(「」は除く)

条件 3　表の作成時は，C2 に計算式を入力後，C3 ～ C7 にその式をコピーする。

| | A | B | C | D | E | F | G |
|---|---|---|---|---|---|---|---|
| 1 | 商品名 | 価　格 | 割引後価格 | 販売予測 | 売上小計 | | 割引率 |
| 2 | 商品 A | 3,000 | | 15 | 31,500 | | 30% |
| 3 | 商品 B | 4,000 | | 10 | 28,000 | | |
| 4 | 商品 C | 2,500 | | 15 | 26,250 | | |
| 5 | 商品 D | 2,000 | | 20 | 28,000 | | |
| 6 | 商品 E | 1,000 | | 30 | 21,000 | | |
| 7 | 商品 F | 1,500 | | 35 | 36,750 | | |

ア　=B2 * (1-$G2)

イ　=B2 * $G$2

ウ　=B2 * (1-G2)

エ　=B2 * (1-$G$2)

**109.** WWW ブラウザで検索サイトを利用し，東京にあるフランス料理店を探す時，検索条件の入力内容として最も適しているものはどれか。

ア　フランス料理　OR 東京

イ　フランス料理　IN 東京

ウ　フランス料理　AT 東京

エ　フランス料理　AND 東京

**110.** オープンソースソフトウェアの説明として正しいものはどれか。

ア　セキュリティの確保のためソースコード公開は避けるべきである。

イ　改良は自由であるが，再配布には OSI の許可が必要である。

ウ　作成者には利用者に対してサポートを提供する責任はない。

エ　すべてのオープンソースソフトウェアは GPL ライセンスを使用する。

## 解答 108 エ

表の内容から，C2には，価格から割引学を差し引いた金額が入力されることわかります。そのため，「=価格＊(1-割引率)」が入力されます。

また，

ア　割引率を$G2と指定した場合，行番号は固定されないため，計算式をC3～C7にコピーすると割引率の参照先が$G3～$G7とずれてしまいます。

イ　この計算式では割引する金額が求められてしまうので，売上小計を求めることができません。

ウ　選択肢アと同様に，割引率の参照先がコピー時にずれてしまいます。

エ　**正解です。**絶対参照にすることで，割引率は固定され，C3～C7にコピーしても正しい結果が求められます。

## 解答 109 エ

問題部より，「東京“かつ”フランス料理」という検索条件を指定するえきであるということがわかります。

複数のキーワードをすべて含んだ検索を行うには，キーワードの間にANDを入力します。

なお，ORは複数のキーワードのいずれかを含む検索結果が表示されます。INやATは通常の検索サービスでは利用しません。

## 解答 110 ウ

ア　ソースコードの公開がオープンソースソフトウェアの大原則です。

イ　再配布についても自由に行って構いません。

ウ　**正解です。**サポート提供の義務は生じません。

エ　GPLは数多くのオープンソースソフトウェアライセンスの1つです。

# 8-4 ハードウェア

**四択問題** 次の説明文が正しいか誤っているか答えなさい。

**111.** 一部の PDA やスマートフォンなどに搭載される機能で，人工衛星を利用し自分のいる位置を正確に割り出すシステムはどれか。

ア　GPS
イ　OHP
ウ　ETC
エ　IMAP

**112.** デュアルディスプレイの説明として適切なものはどれか。

ア　PC を複数人が同時に利用できるため，費用を削減することができる。
イ　作業領域が広くなり，作業の効率化が図れる。
ウ　大画面に投影することで，プレゼンテーションなどに活用できる。
エ　描画性能が向上し，3D アニメーションなどの複雑な表現が可能になる。

**113.** 感光ドラムにレーザー光線をあてて発生する静電気でトナーとよばれる色の粉を吸着させて印刷する方式をとるプリンタはどれか。

ア　インクジェットプリンタ
イ　サーマルプリンタ
ウ　レーザープリンタ
エ　ドットインパクトプリンタ

# 四択問題 解答・解説

## 解答 111 ア

ア **正解です。**全地球測位システムとも呼ばれ，主にカーナビゲーションなどで活用されていましたが，携帯情報端末への普及が進んでいます。

イ OHPは，スキャナで読み取った画像から文字情報を割出し，コンピュータで扱えるテキスト情報に変換する入力装置です。

ウ ETCは，高速道路利用料金の自動徴収システムです。

エ IMAPは，メールの送受信に利用される通信プロトコルです。

## 解答 112 イ

デュアルディスプレイとは，1台のコンピュータに対して複数台のモニタを接続する利用形態のことです。

ア PC本体は1台なので，複数人が同時に利用することはできません。

イ **正解です。**接続したモニタ分の作業領域が広くなります。

ウ プロジェクターの説明です。

エ 描画性能の向上は望めません。説明はグラフィックボードの強化などによって得られる効果です。

## 解答 113 ウ

ア インクジェットプリンタは，非常に小さなノズルからインクを噴射し，紙に着色する方式をとります。

イ サーマルプリンタは，熱を利用した印刷方式です。

ウ **正解です。**比較的高速な印刷が可能ですが，若干高価なプリンタです。

エ ドットインパクトプリンタは，ピン（針）でカーボンを塗布したインクリボンを叩き，たくさんの点（ドット）の集合を使って印刷する方式です。

# 第9章 技術要素

**四択問題** 次の説明文が正しいか誤っているか答えなさい。

**114.** GUIの入力方式のうち，与えられた選択肢の中から複数選択が可能なものはどれか。

ア　ラジオボタン
イ　リストボックス
ウ　チェックボックス
エ　プルダウンメニュー

**115.** 画面設計時の考慮点として適切なものはどれか。

ア　視認性を高めるために，項目ごとや画面ごとに異なる配色を行う。
イ　出力時の配置に合わせて入力欄を配置する。
ウ　郵便番号を入力すると自動的に住所が表示されるようにする。
エ　どのユーザーでも操作が変わらないように，入力方式は統一する。

**116.** コンピュータ分野だけでなく工業製品や施設などにも活用されている，年齢や文化，障害の有無や能力の違いなどにかかわらず，できる限り多くの人が快適に利用できることを目指すデザインの考えはどれか。

ア　ユーザビリティ
イ　ユニバーサルデザイン
ウ　ユビキタス
エ　バリアフリー

# 9-1 ヒューマンインタフェース

## 四択問題 解答・解説

### 解答 114 ウ

ア　ラジオボタンは，択一式の選択で利用されます。

イ　リストボックスは，択一式の選択で利用されます。ラジオボタンに比べ比較的多い選択肢がある場合に用います。

ウ　**正解です。**選択肢の前後にある四角をクリックすることで，チェックマークが入り選択できます。

エ　選択項目が下に垂れ下がる形で表示されるメニューです。

### 解答 115 ウ

ア　色の使い方にルールを設け複数の画面にわたる入力画面の場合，表示項目やメニューの配置を共通化すべきです。

イ　元となるデータの表記順からスムーズに入力できるように入力欄を配置する。

ウ　**正解です。**入力項目が減り入力ミスなどを防ぐことができます。

エ　マウスやキーボードなどユーザーの能力にあう入力装置での操作を可能にします。

### 解答 116 イ

ア　使いやすさを表す言葉で，主にWebサイトのデザインなどで考慮されます。

イ　**正解です。**

ウ　いつでも，どこでも，だれでもが恩恵を受けることができる技術や環境のことです。

エ　車いすの利用者などが不自由なく移動できるように，障害（バリア）を取り除くことです。

# 9-2 マルチメディア

**四択問題** 次の説明文が正しいか誤っているか答えなさい。

**117.** マルチメディアに関する記述のうち，誤っているものはどれか。

ア　コンピュータではディジタル情報しか扱えないため，アナログデータをコンピュータ上で扱うにはディジタル化する必要がある。
イ　FTTH や ADSL などのブロードバンドの普及よりダウンロード配信を利用した高画質な動画の配信が可能になった。
ウ　マルチメディアを拡張した概念で，ハイパーテキストと呼ばれる文字情報を主体に画像や音声などを含めたものをハイパーメディアと呼ぶ。
エ　音楽配信や動画配信などマルチメディアを商材として収益をあげる形のｅビジネスが近年増加している。

**118.** マルチメディアのファイル形式である PNG を説明しているものはどれか。

ア　携帯情報端末やインターネット配信などで利用される動画ファイル形式
イ　24 ビットカラー表現が可能な静止画像で可逆圧縮方式のファイル形式
ウ　24 ビットカラー表現が可能な静止画像で非可逆圧縮方式のファイル形式
エ　無料の専用リーダーを利用することでレイアウトやフォントなどの再現性を高めた電子文書フォーマット

# 四択問題 解答・解説

## 解答 117 イ

ストリーミング技術自体は以前から存在しましたが，インターネット回線が低速であったためデータを軽量化する必要があり，結果として画質の悪い配信に限られていました。

高画質の動画はDVDメディアを活用するかインターネットからダウンロードしてPC上に保存してから視聴するしかありませんでした。

しかし，高速なブロードバンドの普及が進むことで，一般の家庭でもストリーミング技術を利用できるようになり，高画質の画像を楽しめるようになりました。

よってイの説明は誤ってます。

## 解答 118 イ

ア　MPEG-4の説明です。

イ　**正解です。**8ビットカラー表現が可能な静止画ファイル形式であるGIFの拡張版です。

ウ　JPEGの説明です。

エ　PDFの説明です。

**119.** 1画面が100万画素で，256色を同時に表示できるPCの画面全体で，20フレーム／秒のカラー動画を再生する場合の1秒間あたりのデータ量は何Mバイトか。

ア　512MB
イ　160MB
ウ　120MB
エ　 20MB

**120.** アーカイブの説明として最も適切なものはどれか。

ア　複数のファイルを1つのファイルにまとめること。
イ　多数の画像を一覧表示するための縮小画像。
ウ　メモリのうち，最もCPUに近くアクセス時間が速い領域。
エ　コピーしたデータを一時的に保存し，貼り付けを繰り返すことができる機能。

**121.** バーチャルリアリティの説明として適切なものはどれか。

ア　実際には存在しない空間を作成し，あたかも実在するかのように感じさせる技術
イ　3D表現が可能なものが多く，図面を元にした建築後の建造物の表現や，非常に小さな工業製品の設計なども正確に行うことができるソフトウェア
ウ　表面の色，質感，照明の角度などを演算処理することで立体的な表現ができる技術の総称
エ　コンピュータを利用して特定の状況や操作などの疑似体験ができる技術

## 解答 119 エ

1フレームあたりのデータ量は，フレームの画素数の色数から計算します。

色数によるデータ量は，仮に1画素に対し256色の色表現が可能な場合，1画素あたりのデータ量は256＝$2^8$＝8ビット＝1バイトとなります。

画素数が100万画素，256色表現の場合，1フレーム（画面）あたりのデータ量は，

100万画素×1バイト＝1メガバイト（1,000,000バイト）

となります。1秒あたりのデータ量は，20フレームなので

1,000,000×20＝20,000,000＝20Mバイト　となります。

## 解答 120 ア

ア　**正解です。**

イ　サムネイルの説明です。

ウ　レジスタの説明です。

エ　クリップボードの説明です。主にオフィスツールで利用されます。

## 解答 121 ア

ア　**正解です。**仮想現実とも訳され，現実感を人工的に作る技術の総称です。

イ　3DCADの説明です。CADは建築や工業製品の設計にコンピュータを用いることを指します。

ウ　3DCGの説明です。CGはコンピュータによって作成された画像や動画の総称です。

エ　シミュレーションの説明です。

# 9-3 データベース

**四択問題** 次の説明文が正しいか誤っているか答えなさい。

**122.** 商品データベースを，商品販売担当者と商品管理担当者が利用する場合，考慮すべき内容として最も適切なものはどれか。

ア　商品販売担当者と商品管理担当者のどちらにも同様のアクセス権を与えることで情報共有を図る。
イ　在庫が追加された場合，最初にその情報を得た担当者が即時にデータベースに反映させる。
ウ　商品情報は商品管理担当者に編集する権限を与え，商品販売担当者には参照閲覧の権限のみを付与する。
エ　商品販売用のデータベースと商品管理用のデータベースを分けて作成し，1日1回の同期処理を行う。

**123.** NoSQL の説明として適切なものはどれか。

ア　SQL による操作機能を有しない RDBMS である。
イ　テーブルを用いてデータを管理するデータベースである。
ウ　SQL を用いずに操作が行えるデータベースの総称である。
エ　RDB 以外のデータベースの総称である。

**124.** 企業活動における情報分析と意思決定に利用するために，基幹システムから取引データなどを抽出して再構成，蓄積した大規模なデータベースはどれか。

ア　データマート
イ　データウェアハウス
ウ　リレーショナルデータベース
エ　DBMS

## 四択問題 解答・解説

### 解答 122 ウ

ア　アクセス権は利用者の内容に応じて使い分けるべきです。

イ　在庫情報は商品管理担当者が扱う内容であり，販売担当者は得た情報が最初にものである確証もないため，在庫情報を編集すべきではありません。

ウ　**正解です。**

エ　1日1回の同期では，商品販売担当者が正確な在庫数を確認することができません。また，担当ごとにデータベースを分ける必要はありません。

### 解答 123 エ

NoSQL は，「Not Only SQL」の略で，リレーショナル型データベース以外のデータベースおよびデータベース管理システムを指す言葉として用いられます。様々な NoSQL データベースが存在しますが，共通する事はリレーショナル型データベース以外である点だけです。

なお，RDB はリレーショナル型データベースの略称です。

### 解答 124 イ

ア　データマートは，データウェアハウスで保存されたデータの中から，使用目的によって特定のデータを切り出して整理し直し，別のデータベースに格納したものです。

イ　**正解です。**

ウ　リレーショナルデータベースは，最も利用されているデータベースモデルで，データ項目を表形式のテーブルで保存し，データ項目を元にテーブル同士の関連付け（リレーション）を行います。

エ　データベースの様々な管理を行うためのシステムです。

**125.** データベースを扱う場合，レコードを特定するキーが必要である。あるレンタルビデオ店の会員管理表において，レコードを特定するキーとして，適切なものはどれか。

ア　氏名
イ　会員番号
ウ　住所
エ　生年月日

**126.** 顧客管理に利用しているリレーショナルデータベースにおいて，顧客の会員番号をキーとして，会員の氏名と電話番号，購入履歴（商品名と購入数）を抜き出して1つの表を作成した。
このデータベースには，顧客の個人情報を保存した個人情報テーブルと，商品購入の度にレコードが追加される販売履歴テーブルが存在する。
この操作を表すものはどれか。

ア　射影
イ　挿入
ウ　更新
エ　結合

**127.** データDを更新する2つの処理A，Bが，①→③→②→④のタイミングで実行された場合，Dの値はいくつになるか。ここで，Dの初期値は5とする。

ア　2
イ　4
ウ　6
エ　10

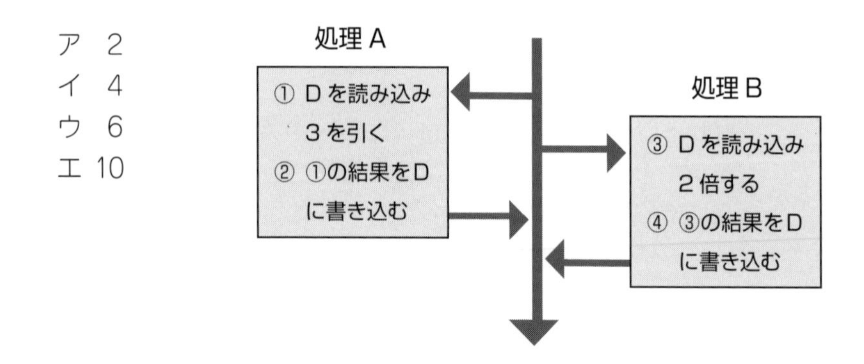

## 解答 125 イ

主キーには重複がなく，レコードを特定することができるものを設定しべきです。本問で重複の心配がないものは，イの会員番号のみとなります。

住所は一見すると重複がありませんが，同居家族間での個人の特定が不可能なため主キーの設定には適していません。

## 解答 126 エ

本問では，異なる二つのテーブルを，キーを元に結び付けて1つの表にしていますこのような操作を結合と呼びます。

ア　射影は，テーブルから必要なフィールドを抜き出す操作です。
イ　挿入は，レコードを追加する操作を指します。
ウ　更新は，レコードの内容を変更する操作を指します。
エ　**正解です。**

## 解答 127 エ

最終的に書き込みが完了したのは処理Bの④になります。
処理Bは③の結果を書き込んでおり，③の時点では処理Aの結果は書き込まれていません。

よって，Dの初期値である5を2倍した結果が書き込まれることになります。結果，10が正解となります。

# 9-4 ネットワーク

**四択問題** 次の説明文が正しいか誤っているか答えなさい。

**128.** IP ネットワークにおけるリピータハブに関する記述のうち，適切なものはどれか。

ア　異なるネットワーク間でのデータ通信を中継する装置である。
イ　ケーブルを指すポートを設置する拡張カードのことである。
ウ　接続する機器から受け取ったデータ接続されたすべての機器に再送信する。
エ　受け取ったデータの宛先制御をし，再送信先を指定できる。

**129.** データの送信権を持ったトークンと呼ばれる信号をネットワーク内に巡回させ，トークンを獲得したコンピュータがデータ転送をすることができる LAN の接続形態はどれか。

ア　リング型ネットワーク
イ　バス型ネットワーク
ウ　ワイヤレスネットワーク
エ　スター型ネットワーク

**130.** LPWA の説明として適切なものはどれか。

ア　既存の無線接続技術ではカバーできない数 km の範囲も対応できるネットワークである。
イ　通信速度が通常の携帯電話回線よりも速く遅延なく情報をやりとりできるネットワークである。
ウ　従来のカーナビゲーションシステムに加えて，リアルタイムな渋滞情報や天候情報などを提供することができる。
エ　電波を使い位置情報などを提供する設備や装置のことである。

## 四択問題 解答・解説

### 解答 128 ウ

ア ルータの説明です。

イ ネットワークインタフェースカード（NIC）の説明です。

ウ **正解です。** ハブは複数のLANケーブルの集約装置で，複数台のコンピュータをLANに接続するときに利用します。

エ スイッチングハブの説明です。

### 解答 129 ア

ア **正解です。** バス型ネットワークの両端装置を付けず，両端を結ぶことでリング状にしたネットワークです。

イ 1本の伝送路に，複数のコンピュータを並列接続する方式です。伝送路の両端には，終端装置（終端抵抗）が接続されています。

ウ ネットワークケーブルの代わりに電波などを利用して接続するネットワーク形態です。

エ 集積装置を中心に放射状にコンピュータを接続するネットワークです。

### 解答 130 ア

ア **正解です。** IoTネットワークを支える通信方式で，なるべく消費電力を抑えて遠距離通信を実現します。

イ LPWAは通信速度は極めて遅く，スマートフォンなどの通信には向いていません。

ウ テレマティクスの説明です。

エ ビーコンの説明です。

**131.** IP アドレスを固定で設定せずに，コンピュータがネットワーク接続時に自動的に IP アドレスを割り当てるプロトコルはどれか。

ア　HTTPS
イ　TCP
ウ　POP
エ　DHCP

**132.** ドメインに関する記述のうち，適切なものはどれか。

ア　ドメインは世界各国の通信担当省庁が管理しており，.com や .net など国別ドメインが付いていないものはアメリカ政府によって管理されている。
イ　ドメインを管理している DNS サーバーは，世界に 13 台存在するルートサーバーを頂点とした階層方式の分散型データベースになっている。
ウ　ドメイン「abc.co.jp」の .co にあたる部分をトップレベルドメインと呼ぶ。
エ　同一ドメインを複数の Web サイトで利用できるように，ドメインの前に www などの任意の文字を加えたものをセカンドレベルドメインと呼ぶ。

**133.** 電子メール送信時に，toにAさん，ccにBさんとCさん，bccにDさんを設定した。Cさんが受信した電子メールで確認できる送付先はどれか。

ア　C さんのみ
イ　A さん，C さん
ウ　A さん，B さん，C さん
エ　A さん，B さん，C さん，D さん

**134.** 分割したデータに加え，全データに対する位置情報や送信先のアドレスなどを記した小さな分割データを 1 つひとつ送受信する通信方式は何か。

ア　FTTH
イ　パケット通信
ウ　トークンパッシング方式
エ　CSMA/CD 方式

## 解答 131 エ

ア　HTTPS は，WWW 上でデータの送受信を行う HTTP プロトコルのセキュリティ面を強化したプロトコルです。

イ　TCP は，データ送信の制御を行うプロトコルで，宛先情報やデータ到着の確認·データの重複や抜け落ちのチェックなどを行います。

ウ　POP は電子メールの受信に利用するプロトコルです。

エ　**正解です。**

## 解答 132 イ

ア　ドメインの管理は ICANN という組織が一元管理しており，ICANN から委任を受けた各国の機関がが割り当て業務を行なっています。

イ　**正解です。**下位の DNS サーバーに該当する情報がない場合は，上位階層の DNS サーバーに情報を確認することで対応します。

ウ　トップレベルドメインではなくセカンドレベルドメインです。

エ　セカンドレベルドメインではなくサブドメインの説明です。

## 解答 133 ウ

to はメッセージ内容の直接の相手となる受信先です。cc はメッセージを参照してほしい受信先を指定します。Bcc は他の受信先には知られずに cc を送る指定方法です。

本問では，bcc に D さんが指定されているので，他の受信者に D さんが送付先に指定されていることはわかりません。

よって，C さんが確認できるのは，to と cc に指定されている A さん，B さん，C さんの 3 人です。

## 解答 134 イ

ア　光ファイバを利用した通信回線で，100Mbps 程度のディジタル通信を行える通信回線です。

イ　**正解です。**

ウ　トークンと呼ばれる送信権がネットワーク内を巡回しており，これを獲得した端末がデータを送信する方式です。

エ　データを送信したいノードが通信状況を監視し，ケーブルが空くと送信を開始するネットワーク制御方式です。

# 9-5 セキュリティ

**四択問題** 次の説明文が正しいか誤っているか答えなさい。

**135.** 情報セキュリティのリスクマネジメントにおいて，リスクが発生する確率や発生した場合の影響を明らかにするプロセスはどれか。

ア リスク対策
イ リスク分析
ウ リスク評価
エ リスクの特定

**136.** クラッキングに関する記述のうち，適切なものはどれか。

ア ユーザーや管理者から，話術や盗み聞きなどの社会的な手段で，情報を入手する人的脅威である。
イ 他人のWebサイト上の脆弱性につけこみ，悪意のあるプログラムを埋め込む技術的脅威である。
ウ ショッピングサイトや金融機関のサイトを偽装し，利用者の個人情報やクレジットカード情報を不正入手する技術的脅威である。
エ 悪意のある人が，システムの脆弱性を突いてシステムに不正侵入し情報の引き出しや破壊を行う人的脅威である。

**137.** コンピュータに潜み，ユーザーが入力する情報などをインターネットにアップロードし，不正取得するマルウェアはどれか。

ア コンピュータウイルス
イ ボット
ウ スパイウェア
エ DoS攻撃

# 四択問題 解答・解説

## 解答 135 イ

リスクマネジメントとは，情報セキュリティを考える上で，どのようなリスクが存在するか，その確率や影響なども分析し，対策の準備を行う管理手法です。

その中で，リスクの発生確率や損失の大きさを明らかにするプロセスはリスク分析であり，イが正解となります。

## 解答 136 エ

ア ソーシャルエンジニアリングの説明です。

イ クロスサイトスクリプティングの説明です。

ウ フィッシング詐欺の説明です。

エ **正解です。**

## 解答 137 ウ

ア コンピュータウイルスは，コンピュータに侵入してファイル破壊活動などを行います。

イ ボットは，コンピュータを不正操作し情報の盗難や破壊を行います。

ウ **正解です。**

エ Web サーバーに多大なデータを送りつける，一斉にアクセスするといった手段で，サーバーに負荷をかけて，サーバーを機能停止に追い込む手法であり，マルウェアではありません。

**138.** ランサムウェアの説明として正しい記述はどれか。

ア　コンピュータの破壊を目的としたマルウェアで，自己複製型のワームなどが存在する。
イ　コンピュータに潜んでキーボードなどの入力情報を悪意のあるユーザに転送する。
ウ　感染したPCを遠隔操作し犯罪に利用する。
エ　ファイルをパスワード付きで暗号化し，解除用パスワードの代わりに金銭を要求する。

**139.** DNSサーバに一時保存してあるホスト名とIPアドレスの対応情報を偽の情報に書き換えることで，偽サイトへアクセスさせる手法として適切なものはどれか。

ア　SQLインジェクション
イ　キャッシュポイズニング
ウ　ドライブバイダウンロード
エ　RAT

**140.** プライバシーマーク制度に関する記述のうち最も適切なものはどれか。

ア　個人情報の取扱いについて，適切な保護措置を実行できる体制を整備している企業や組織に対して，JPNICが，認定証を付与する制度である。
イ　企業はプライバシーマークを取得することによって，個人情報保護法を順守している企業であると証明することができる。
ウ　制度とロゴマークの普及により，消費者自身の個人情報保護意識の向上にも役立つ。
エ　個人情報を取得した企業がプライバシーマークを取得していれば，関連会社や子会社への提供が許可される。

## 解答 138 エ

ア　コンピュータウイルスの説明です。

イ　スパイウェアの説明です。

ウ　ボットの説明です。

エ　**正解です。**身代金要求型ウイルスとも呼ばれます。

## 解答 139 イ

ア　主にWebサイトと連動しているデータベースに対して，不正なSQL分を実行することで，データベースを不正に操作する攻撃です。

ウ　Web サイトを閲覧時に，コンピュータウイルスなどの不正プログラムをパソコンにダウンロードさせる攻撃です。

エ　あたかもシステムに直接的にアクセスしているかのように遠隔操作を行うマルウェアです。

## 解答 140 ウ

ア　認定証を付与するのは財団法人日本情報処理開発協会（JIPDEC）です。JPNICは日本国内でグローバルIPアドレスの割り当てなどを行う組織です。

イ　プライバシーマークは個人情報保護法の順守を直接的に認定するものではありません。

ウ　**正解です。**個人情報保護・プライバシーという言葉の周知に役立っています。

エ　たとえプライバシーマークを取得している企業でも，個人情報を関連会社や子会社に提供することは認められません。

**141.** セキュリティ上の問題が発生していないか監視する組織の総称で，万が一問題が発生した場合は，その原因究明や影響の調査なども行うものとして適切なものはどれか。

ア　SOC
イ　情報セキュリティ委員会
ウ　CSIRT
エ　J-CSIP

**142.** 物理的セキュリティ対策の内容として最も適しているものはどれか。

ア　事務所への入退室の際にID カードを用いた入退室管理システムを導入した。
イ　ネットワーク上の情報を監視し，コンテンツに問題がある場合に接続を遮断する技術を導入した。
ウ　OS のアップデートを行い，セキュリティホールを修正した。
エ　情報セキュリティポリシ，各種社内規定，マニュアルの遵守，情報セキュリティに関する教育や訓練を実施した。

**143.** MDM の説明として適切なものはどれか。

ア　企業においてスマートフォンやタブレット PC などの携帯端末を管理すること。
イ　外部から持ち込まれたコンピュータを組織内の LAN に接続する場合に事前に接続する検査用ネットワークのこと。
ウ　企業の機密情報を流出させないための包括的な情報漏えい対策のこと。
エ　仮想通貨の中核技術として発明された分散型台帳管理技術のこと。

**144.** ディジタル署名の説明として適切なものはどれか。

ア　送信者は，文書からハッシュ関数と呼ばれる計算手順で算出したハッシュ値を公開鍵で暗号化したディジタル署名を作成する。
イ　ディジタル署名は文書を送る前にあらかじめ送信しておく。
ウ　受信者は，ディジタル署名を送信者の公開鍵で復号する。
エ　ディジタル署名とは，共通鍵と呼ばれる 1 つの暗号鍵を暗号化と復号に共通して利用する暗号化方式を応用した暗号化技術である。

## 解答 141 ウ

ア　ネットワークや接続機器を専門スタッフが常に監視し，サイバー攻撃の検出，攻撃の分析と対応策のアドバイスを行う組織です。

イ　組織の情報セキュリティ体制づくりの一環として設置される CIO を中心とした組織横断型の委員会です。

エ　重要インフラで利用される機器の製造業者が参加して発足したサイバー攻撃に対抗するための官民による組織です。

## 解答 142 ア

ア　**正解です。**情報を扱うコンピュータが設置されている場所への出入りには細心の注意を払う必要があります。

イ　技術的セキュリティ対策のコンテンツフィルタの説明です。

ウ　OS のアップデートは技術的セキュリティ対策の 1 つです。

エ　人的セキュリティ対策の説明です。

## 解答 143 ア

ア　**正解です。**携帯端末を導入時に企業内のネットワークに接続するための設定やシステムの利用の許可などを行い，またアプリのインストール制限や紛失時のリモートロック（遠隔操作によるロック）などを行います。

イ　検疫ネットワークの説明です。

ウ　DLP の説明です。

エ　ブロックチェーンの説明です。

## 解答 144 ウ

ア　ディジタル署名は，秘密鍵を用いて作成します。

イ　ディジタル署名は文書とともに送信します。

ウ　**正解です。**復号してできたハッシュ値と，文書から同じハッシュ関数で算出したハッシュ値と比較することで文書の改ざんがないか確認します。

エ　ディジタル署名は公開鍵暗号を応用した暗号化技術です。

〔著 者〕

滝口直樹（たきぐち なおき）

1977 年東京に生まれる。東洋大学社会学部卒業。大学で学んだ教育と学生時代に出会った IT に関わる職業を求め，大手資格スクールに入社し，情報システム部・企画開発部にて，デジタルコンテンツ制作・e ラーニングプロジェクトを担う。
2006 年に独立。Web コンサルティング・Web マーケティング・Web サイト制作・IT 顧問を中心に活動をはじめる。現在は，IT パスポート講師，PC 講座講師，大学生向け IT アシスタント等として活動の幅を広げている。
Microsoft Official Trainer，IC3 認定インストラクター。
HP：「elstyle」http://www.elstyle.net/
「IT パスポート TV」http://www.itpassport.tv/

■ 免責
Web 音声講義は本テキストに準拠していますが，あくまでも補助教材としてご提供するものです。予告なく配信を中止する場合もあります。
また本書の改訂や法律改正等により Web 講義の内容や配信が変更になる場合もありますのであらかじめご了承ください。
なお，Web 講義の配信期間は下記発行日から概ね 1 年間といたします。

ゼロからはじめる
**IT パスポートの問題集 改訂第三版**

2012 年 9 月 15 日初版発行
2015 年 4 月 10 日改訂第一版第一刷発行
2017 年 4 月　5 日改訂第一版第二刷発行
2018 年 4 月　7 日改訂第二版第一刷発行
2020 年 4 月　7 日改訂第三版第一刷発行

発行人　大西京子
編　集　狩野　昇
発行元　とりい書房
〒 164-0013　東京都中野区弥生町 2-13-9
TEL 03-5351-5990　FAX 03-5351-5991
製　作　K デザイン
印　刷　藤原印刷株式会社
乱丁・落丁本等がありましたらお取り替えいたします。

ISBN978-4-86334-118-0

キーワードの暗記には右の「暗記アイテム」を切りとってお使いください（編集部）

解答や問題文を隠すのにとっても便利！

本文

こんなカンジでお使いください。

18. 異常傾向がなく、工程が安定しているか判断するために使用するもので、2本の限界線が引かれたグラフを何と呼ぶか。

19. 項目間に相関関係があるかを把握するときに役立つ、2項目の関係を点で表したものは何か。

管理図

散布図

レーダーチャート

PERT（アローダイアグラム）

特性要因図（フィッシュボーンチャート）

ABC分析

ブレーンストーミング（ブレスト）

KJ法

変動費

固定費

切りとった「暗記アイテム」

# 暗記アイテム

完ぺき合格

# ゼロからはじめるITパスポートの問題集

とりい書房

# 暗記アイテム

完ぺき合格

## ゼロからはじめるITパスポートの問題集

とりい書房

解答や問題文を隠すのにとっても便利!

キーワードの暗記には左の「暗記アイテム」を切りとってお使いください(編集部)

本文

こんなカンジでお使いください

切りとった「暗記アイテム」

キーワードの暗記には右の「暗記アイテム」を切りとってお使いください（編集部）

解答や問題文を隠すのにとっても便利！

本文

こんなカンジでお使いください。

切りとった「暗記アイテム」

# 暗記アイテム

完ぺき合格

# ゼロからはじめるITパスポートの問題集

とりい書房

# 暗記アイテム

完ぺき合格

ゼロからはじめるITパスポートの問題集

とりい書房

解答や問題文を隠すのにとっても便利！

キーワードの暗記には左の「暗記アイテム」を切りとってお使いください（編集部）

本文

こんなカンジでお使いくださ

切りとった「暗記アイテム」